식품위생학
FOOD HYGIENICS

머리말

사회가 점점 고도화, 전문화되고 사회적, 경제적 소득 수준이 향상됨에 따라 식품 및 외식 시장이 확대되고 식품의 안전성을 식품 선택의 첫 번째 조건으로 생각하게 되었다. 또한 먹거리가 다양하고 풍부해지고 식품 가공기술이 발달하면서 식품 관련 종사자들은 식품의 안전성을 위협하는 여러 가지 요인들을 잘 파악하고 재빨리 대처할 수 있는 능력을 갖추어야만 한다.

이에 이 책은 식품의 안전성을 확보하기 위해 기본적으로 알아야 할 식품미생물, 식중독, 감염병, 기생충 및 위생동물 등에 대해 자세히 서술하였고 식품첨가물과 영업장 위생관리에 대해서도 최신 정보들을 제공하고자 하였다. 또한 국제적인 식품위생관리 시스템인 HACCP과 식품위생검사에 대해서도 이해하기 쉬운 자료들을 갖추어 현장에 바로 적용할 수 있도록 노력하였다.

이 책은 대학에서 식품위생, 안전 분야를 포함한 식품 관련 모든 분야에 종사하고자 하는 학생들과 현재 종사자들의 교재와 참고서적, 국가 시험 대비용으로 활용 가능하도록 집필하였다. 각 대학에서 오랜 기간 동안 식품위생을 강의한 저자들이 심혈을 기울여 최대한 이해하기 쉽게 구성하였으며, 앞으로 바뀌는 부분이나 미흡한 부분들은 계속적으로 수정 보완해 나갈 것을 약속드린다.

이 책이 순조롭게 출간되기까지 많은 도움을 주신 파워북 여러분께 진심으로 감사드린다.

저자 일동

차례

1 식품위생의 개요

2 식품과 미생물

3 세균성 식중독 및 바이러스성 식중독

4 자연독 식중독

5 화학적 식중독

6 식품과 감염병

7 기생충 감염병 및 위생동물

8 식품첨가물

9 식품 영업장의 위생관리

10 식품안전관리인증기준(HACCP)

11 식품위생검사

CHAPTER 1

식품위생의 개요

1. 식품위생의 정의 / 2. 식품의 위해요인 / 3. 식품의 안전성 평가

4. 식중독의 개념 및 발생 현황 / 5. 식중독 예방관리

1. 식품위생의 정의

식품이란 의약으로 섭취하는 것을 제외한, 인간과 동물에 의해 섭취, 소화, 흡수되어 건강을 유지하고 성장, 발육하기 위해 먹을 수 있는 모든 음식물로 정의한다. 그러므로 건강 유지 및 증진을 위해서는 위생적인 식품을 섭취하여 오염된 식품 섭취로 인한 여러 가지 위해를 막아야 한다.

세계보건기구WHO 환경위생전문위원회에서는 식품위생을 "식품의 생육, 생산, 제조에서 최종 소비될 때까지의 모든 단계에 있어서 안전성, 건전성 및 완전 무결성을 확보하기 위한 모든 수단"이라 정의하였고, 우리나라 「식품위생법」 제2조제11항에는 식품위생을 "식품, 식품첨가물, 기구 및 용기와 포장을 대상으로 하는 음식에 관한 위생"이라 정의하였다.

또한 우리나라 「식품위생법」 제1조에서는 식품위생법은 "식품으로 인하여 생기는 위생상의 위해危害를 방지하고 식품영양의 질적 향상을 도모하며 식품에 관한 올바른 정보를 제공함으로써 국민 건강의 보호·증진에 이바지함을 목적으로 한다."라고 규정하고 있다. 그러므로 식품위생은 식품에 일어날 수 있는 모든 건강상의 위해요인들을 제거하여 식품의 안전성을 확보함으로써 인간의 건강을 유지, 증진시킬 수 있도록 하는 과학적인 방법이라 할 수 있다.

식품위생의 범위에는 식중독(세균성 식중독, 바이러스성 식중독, 화학적 식중독, 자연독 식중독), 감염병(경구감염병, 인수공통감염병), 기생충 및 위생동물 등과 유전자변형식품, 방사성 물질 등이 포함된다.

2. 식품의 위해요인

인간의 건강을 해하는 식품의 위해요인은 표 1-1과 같이 내인성, 외인성, 유인성의 3가지로 분류된다.

표 1-1 식품의 위해요인

위해요인	생성 경로	종류			발생의 예
내인성	식품 원재료에 함유	고유 유독물		자연독	복어독, 조개독, 버섯독
				생리작용 성분	식이성 알레르겐(히스타민) 항비타민성 물질 항효소성 물질 항갑상샘 물질
외인성	재배·생산·유통 중에 혼입	생물적 요인		식중독균	감염형(살모넬라, 장염비브리오, 병원성대장균), 독소형(황색포도상구균, 보툴리누스균)
				경구감염병균	이질균, 콜레라균, 장티푸스균
				기생충	회충, 요충, 조충, 흡충
				곰팡이독	아플라톡신, 오크라톡신, 시트리닌
		인위적 요인	의도적	식품첨가물	불허용 인공감미료, 불허용 보존료
				식품 용기·포장 재료	주석, 납, 구리 아연
			비의도적	환경오염 물질	수은, 카드뮴
				잔류농약	DDT, BHC
				방사성 물질	^{90}Sr, ^{137}Cs, ^{131}I
				항생물질	
				수질오염 물질	트리할로메탄, 트리클로로에틸렌
				제조·가공 중 혼입물	비소, PBC
유인성	조리·가공·저장 중에 생성	물리적 생성물		유지의 가열·산화 생성물	과산화물
		화학적 생성물		식품과 첨가물의 반응 생성물	단백질, 아미노산 가열분해물
		생물적 생성물		아질산염과 아민류의 생체 내 반응 생성물	니트로소아민

출처 : 최혜연 외, 2018 재구성

3. 식품의 안전성 평가

식품 내 화합물의 안전성을 평가하기 위해서는 동물실험을 통한 식품 독성시험을 실시하고, 이를 기준으로 규제치를 설정한다.

1) 안전성 평가를 위한 식품 독성시험

안전한 식품 섭취를 위한 식품의 독성시험은 표 1-2와 같이 분류한다.

표 1-2 식품 독성시험

분류		방법	활용
일반 독성 시험	급성독성 시험	• 몇 시간에서 며칠간 투여 시 즉시 나타나는 독성을 반수 치사량(LD_{50}, mg/kg)으로 측정 • 설치류, 비설치류 포함 2종 이상 대상	• 첨가물의 독성강도(무독성, 저독성, 보통 독성, 고독성, 극독성, 맹독성) 판정에 이용
	아만성독성 시험	• 치사량 이하의 여러 용량을 몇 주에서 몇 달(보통 90일) 투여 시 나타나는 독성 측정 • 설치류, 비설치류 포함 2종 이상 대상	• 만성 독성시험의 투여량 정보 제공
	만성독성 시험	• 1년 이상 장기간 투여 시 나타나는 독성 측정 • 설치류(암수 각각 10마리 이상), 비설치류(암수 각각 3마리 이상) 포함 2종 대상으로 최대내성용량보다 낮은 4가지 이상의 양을 투여	• 식품첨가물 안전한계량 설정에 이용
특수 독성 시험	발암성시험	• 일생 동안 매일 투여 시 암 생성 여부(종양 생성 빈도 및 장기, 조직적 이상) 관찰	• 암 유발 여부 평가
	발생독성 시험	• 부모에게 투여한 독성이 차세대나 그 다음 세대 또는 태내의 자녀에게 미치는 영향 관찰	• 후손에 미치는 영향 평가
	유전독성 시험	• 세균을 이용한 Ames test로 DNA 손상, 염색체 이상 관찰	• 돌연변이 유발 여부 판정

* 최대내성용량(maximum tolerated dose, MTD) : 관찰된 효과가 유해하나 그 용량이 심각한 건강상 영향 또는 사망을 일으키지 않는 양. 시험 물질이 대조군에 비해 10% 이상의 체중 감소를 초래하지 않으며 독성 증후 및 사망을 일으키지 않는 최대용량

2) 안전식품 섭취를 위한 규제치 설정

이상의 시험을 통해 안전성이 확보되면 다음과 같은 사용 규제치를 설정해야 한다.

(1) 최대무작용량no observed adverse effect level, NOAEL

실험동물에게 시험물질을 장기간 반복적으로 투여했을 때 독성 증상을 나타내지 않는

최대용량을 실험동물 체중 kg당 mg으로 표시한 수치이다.

(2) 안전계수safety factor

동물실험 결과를 인체에 적용할 때 충분한 안전 여분을 두기 위해 고려된 수치이다. 독성물질은 동물보다 사람에게 더 민감하다고 가정하여 동물에서 사람으로 환산할 때 10배를 곱하고, 사람과 사람과의 민감도 개인차를 10배로 판단하여 총 100배의 안전 여분을 두는 것을 안전계수라 한다.

(3) 1일 섭취허용량acceptable daily intake, ADI

사람이 일생 동안 섭취하여도 독성을 나타내지 않는 화학물질의 양으로 최대무작용량을 안전계수로 나누어 사람 체중 kg당 1일 섭취허용량을 구한다.

$$\text{ADI(mg/kg)} = \frac{\text{NOAEL(mg/kg)}}{\text{안전계수}}$$

- 식품첨가물 A의 최대무작용량 : 1 mg/kg
- 식품첨가물 A의 1일 섭취허용량 : 1 mg/kg ÷ 100 = 0.01 mg/kg/day
- 체중 60 kg의 성인의 식품첨가물 A의 1일 섭취허용량 : 0.01 mg/kg/day × 60 kg = 0.6 mg/day
- 성인의 과자 섭취량이 하루에 30 g이라면
  식품첨가물 A를 과자 1 g에 사용할 수 있는 허용량 : 0.6 mg/day ÷ 30 g/day = 0.02 mg 이하
- ED_{50}*(effective dose 50%) : 주어진 실험 조건에서 실험동물의 반수에 유익한 효과를 주는 투여량을 실험동물 체중 kg당 mg으로 표시한 수
- ID_{50}(infectious dose 50%) : 주어진 실험 조건에서 실험동물의 절반을 감염시켜 질병을 유발하는 미생물의 수
- LD_{50}(lethal dose 50%, 반수치사량) : 주어진 실험 조건에서 실험동물의 반수가 죽는 투여량을 실험동물 체중 kg당 mg으로 표시한 수

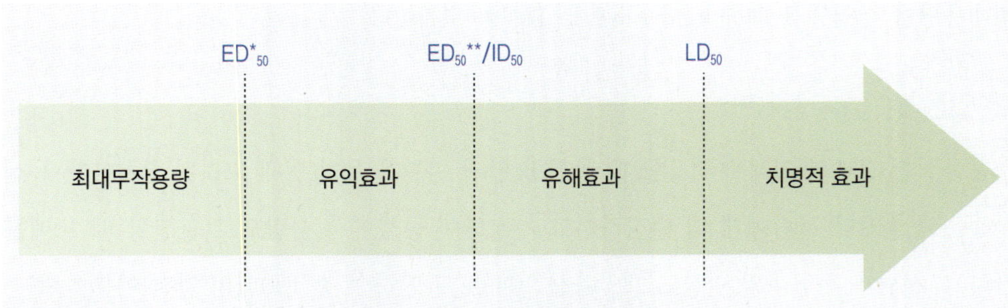

그림 1-1 독성물질의 용량 증가에 따른 효과

출처 : 윤기선 외, 2018

3) 방사선조사식품의 안전성 평가

방사선조사식품은 열을 가하지 않고 세균 및 기생충 사멸, 식품의 발아 억제 및 숙도 조절 등을 위해 γ선, X선, 전자선 등의 방사선을 조사하여 가공한 식품을 말한다.

방사선 조사의 안전성을 결정하는 데에는 5가지 조건이 있다.

- 조사과정 중 새로운 방사능의 유도
- 발암성, 독소 물질의 생성 유무
- 영양 손실의 정도

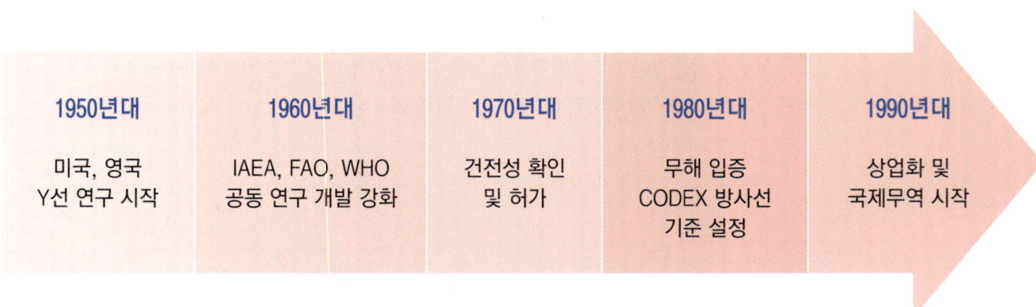

그림 1-2 방사선조사식품의 안전성 평가과정

- 잔존 미생물의 위험도
- 작업 인원의 방사선 노출에 대한 보호

1950년부터 행해진 안전성 연구와 5가지 조건을 토대로 한 안전성 평가를 통해 IAEA, FAO, WHO는 "식품에 10 kGy까지 조사하는 것은 영양학적이나 미생물학적으로 문제를 일으키지 않으며, 고선량 방사선 조사는 병원성 미생물을 제거하는 상업적 열처리 가공방법과 유사하다." 또, "유해물질을 형성하지 않으며 분해산물의 경우 일반 식품의 수준과 유사하다."고 밝혔다.

우리나라는 1980년대부터 방사선조사식품에 대한 연구가 시작되어 1987년 감자, 양파, 마늘, 밤, 생버섯 등의 신선식품에 생장 및 숙도 조정을 목적으로 1 kGy 이하의 γ선 조사를 허가하여 현재에는 조사 처리 선종의 안전성 등을 확인해 10 kGy 이하의 γ선 조사를 감자, 양파, 마늘 등 26품목에 대해 허용하고 있다 그림 1-3.

조사 처리된 원료를 사용한 식품은 '원재료명 및 함량' 표시란에 원재료명과 함께 '방사선 조사' 표시를 해야 하고, 완제품에 조사한 경우는 조사 처리된 식품임을 나타내는 문구

그림 1-3 우리나라 방사선 선량 허용기준

출처 : 식품의약품안전처

'treated by irradiation'와 국제 도안인 'RADURA' 그림 1-4를 표시해야 한다.

그림 1-4 방사선조사식품 마크

국제시장의 무역의 확대로 각 나라에서는 방사선조사식품을 확인하는 방법이 필요하게 되었다. 현재 조사 후 변형된 식품의 DNA를 측정하는 법, 조사 전후의 미생물 양의 변화를 측정하는 법, 지방에 조사할 때 나오는 휘발성 물질의 함량을 측정하는 화학적 방법, 조사 시 발생하는 빛이나 자유라디칼을 측정하는 물리적 방법 등이 시행되고 있다.

4) 유전자변형식품의 안전성 평가

유전자변형식품genetically modified organism, GMO은 유전자재조합기술을 이용하여 재배, 육성된 농산물·축산물 수산물 미생물 및 이를 원료로 하여 제조, 가공한 식품 또는 식품첨가물(건강기능식품 포함)을 말한다. 유전자재조합으로 농작물의 크기와 성장속도를 조절하여 대량 생산이 가능해지고, 영양성분 및 저장성 향상, 병충해·해충·제초제에 내성이 강한 품종을 얻기 위해 개발되었으나 안전성 문제가 계속 대두되어 식품의약품안전처가 안전성을 승인한 경우에만 식품으로 사용된다.

우리나라는 1990년대 후반 식품의약품안전청에서 "유전자재조합식품 식품첨가물 안전성 평가출처 심사지침"이 만들어지면서 유전자변형식품의 안전성 평가가 시작되었고 2001년 7월부터 표시제도를 시행했다.

안전성 평가의 심사방법은 신청인이 제출한 안전성 평가자료를 식품의약품안전처에서 사전 검토 후 분야별 전문가 20명으로 구성된 "유전자변형식품 안전성 평가자료 심사위원회"에서 평가·심사하고 있으며, 농림축산식품부, 환경부, 해수부 등에서 환경 위해성 평가를 하고 있다 그림 1-5.

우리나라는 유럽, 일본과 동일한 방법인 실질적 동등성 평가로 안전성을 평가한다. 즉,

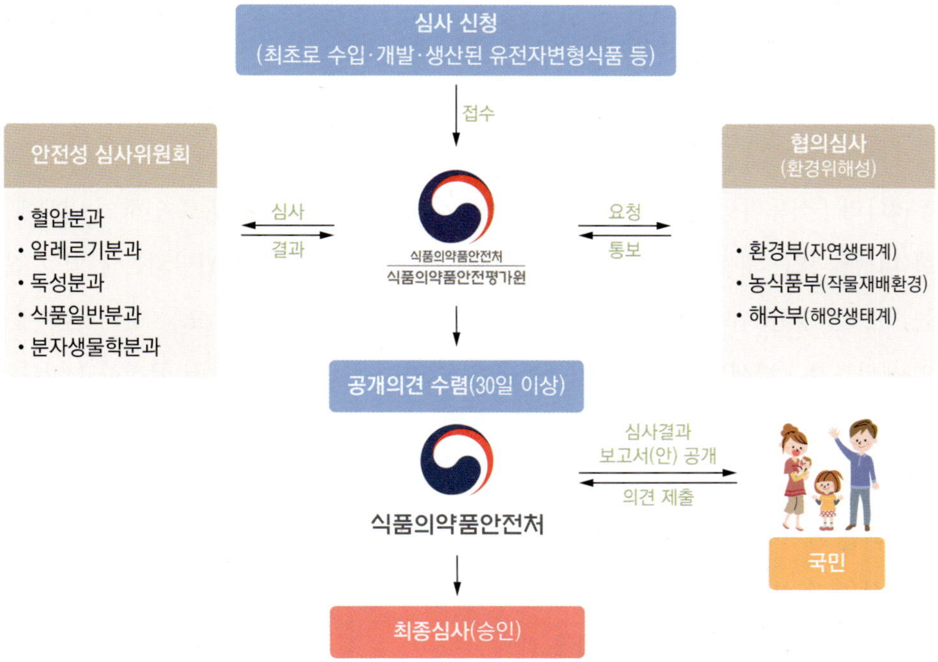

그림 1-5 유전자변형식품의 안전성 평가 심사

출처 : 식품의약품안전처

새로 개발된 유전자변형식품과 오랜 기간 동안 먹어온 경험을 통해 그 안전성이 확인된 기존 식품 간의 특성(삽입된 유전자의 특성, 알레르기성, 독성, 영양성)들을 서로 비교, 평가하여 차이가 없으면 안전하다고 판단한다.

4. 식중독의 개념 및 발생 현황

1) 식중독의 개념

우리나라 「식품위생법」 제2조제14호에서는 식중독을 "식품의 섭취로 인하여 인체에 유해한 미생물 또는 유독물질에 의하여 발생하였거나 발생한 것으로 판단되는 감염성 질환 또는 독소형 질환"이라 규정하였고, 세계보건기구WHO에서는 "식품 또는 물의 섭취에 의해 발생되었거나 발생된 것으로 생각되는 감염성 또는 독소형 질환"으로 규정하고 있다.

체계적인 식중독의 연구는 19세기에 시작되었지만 20세기 중반에 원인 세균이 검출되면서 그 원인이 밝혀졌다. 흔히 일어나는 식중독의 원인은 다음과 같다.

- 식품을 완전히 가열하지 않았거나 조리하지 않았을 때
- 음식을 잘 식히지 않았을 때
- 개인위생을 제대로 지키지 않았을 때
- 조리 전 식품과 교차오염이 되었을 때
- 위험온도 범위(7~60℃)에 음식을 두었을 때
- 상온에 너무 오랫동안 음식을 방치했을 때
- 음식의 재가열 시 세균이 완전히 사멸할 정도로 가열하지 않았을 때
- 식품이 부적절하게 취급되어 조리기구나 조리된 음식에 오염되었을 때
- 기계, 기구, 집기류의 소독이 잘 되지 않았을 때 등

2) 식중독 발생 현황

연도별 식중독의 발생 현황은 지역, 기후에 따라 차이가 있으나, 대체적으로 2018년을 기점으로 점차 줄어드는 양상을 보이다 다시 2021년부터 증가하는 추세이다 그림 1-6.

2022년 월별 식중독 발생은 기온과 습도가 높은 6월, 7월에 집중되었고 표 1-3, 원인시설

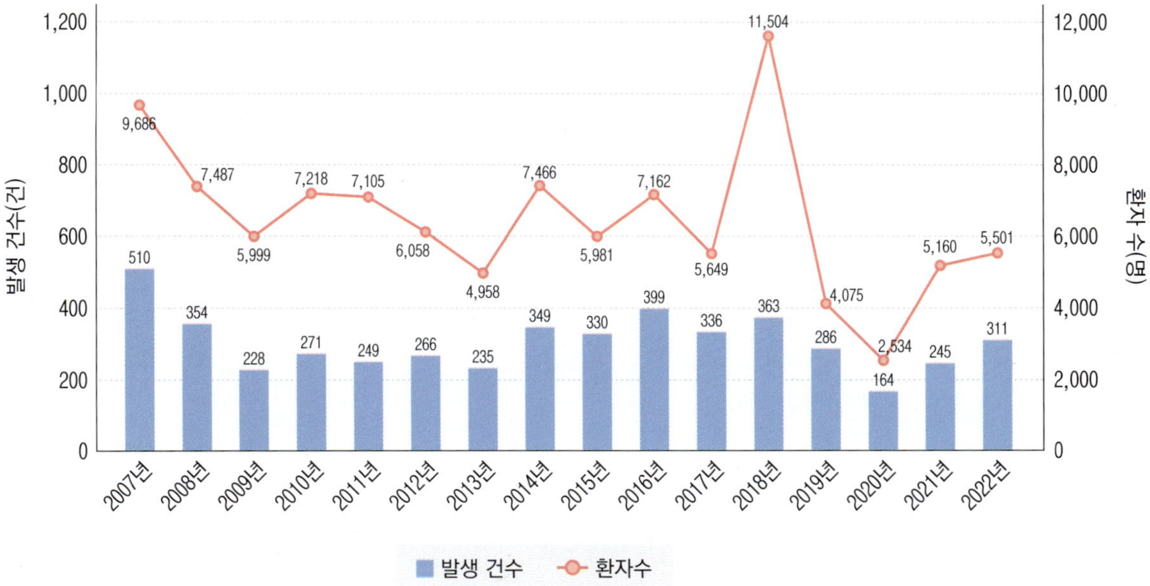

그림 1-6 2007~2022년 연도별 식중독 발생 현황

출처 : 식품의약품안전처, 2023

표 1-3 2022년 월별 식중독 발생 현황

2022년	계	1월	2월	3월	4월	5월	6월	7월	8월	9월	10월	11월	12월
건수(건)	311	10	8	13	12	30	42	57	31	29	22	26	31
환자수(명)	5,501	139	134	422	148	657	1,043	652	538	578	436	312	442

출처 : 식품의약품안전처, 2023

별 식중독 발생의 건수 및 환자수는 음식점에서 가장 많이 발생되었다 표 1-4. 외식을 하는 횟수가 점점 늘어나면서 가정에서 보다는 가정 외 식사에서 식중독이 많이 발생하므로 외식업체나 급식업체에서는 더욱더 위생을 강조해야 할 것이다.

2022년 원인물질별 식중독 발생 현황에서는 노로바이러스에 의한 발생 건수가 많고, 살모넬라와 클로스트리디움 퍼프린젠스에 의한 발생 환자수가 많다 표 1-5. 살모넬라와 클로스트리디움 퍼프린젠스는 전형적인 세균성 식중독균이며, 노로바이러스 같은 바이러스성 식중독균은 사람 간의 전파가 쉽고 항생제로 치료가 되지 않아 더욱 주의가 요구된다.

표 1-4 2022년 원인시설별 식중독 발생 현황

2022년	계	음식점	집단급식소			가정집	기타	불명
			계	학교	그 외			
건수(건)	311	180	69	25	44	3	43	16
환자수(명)	5,501	2,117	2,005	1,102	903	32	1,239	108

출처 : 식품의약품안전처, 2023

표 1-5 2022년 원인물질별 식중독 발생 현황

2022년	계	병원성 대장균	살모넬라	장염 비브리오	캠필로박터 제주니	황색 포도상구균	클로스트리디움 퍼프린젠스
건수(건)	311	27	44	0	14	10	10
환자수(명)	5,501	852	1,235	0	270	157	993
2022년	**바실러스 세레우스**	**기타 세균**	**노로 바이러스**	**기타 바이러스**	**원충**	**자연독**	**불명**
건수(건)	11	7	49	2	6	2	129
환자수(명)	107	24	914	15	24	9	901

출처 : 식품의약품안전처, 2023

5. 식중독 예방관리

다양한 식생활 패턴의 변화로 식중독의 발생이 다양화, 집단화되면서 식품위생은 더욱 철저히 관리되어야 하며, 식중독 발생 시 지체 없이 보고체계에 따라 신고 및 보고해야 한다 그림 1-7.

또한 질병관리청에서는 여름과 겨울에 가정에서 건강한 식생활을 유지할 수 있는 식중

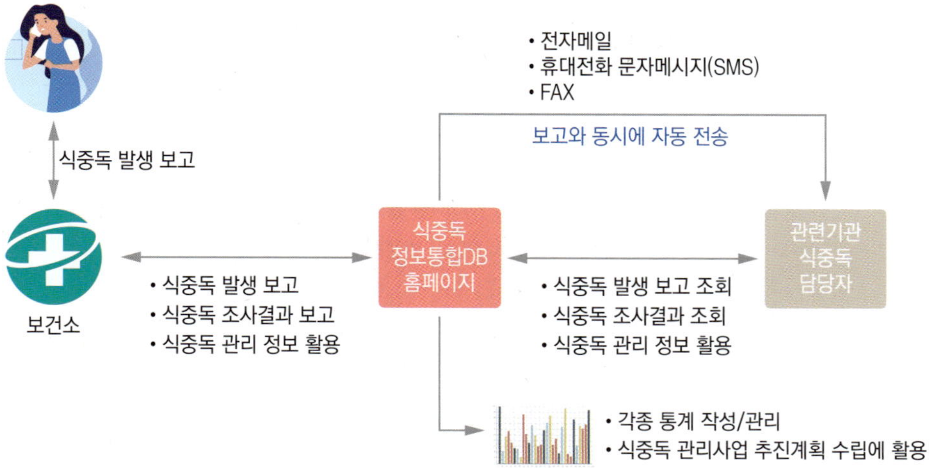

그림 1-7 식중독 신속 보고체계

출처 : 식품의약품안전처, 2020

독 예방수칙과 집단급식소에서 실천할 수 있는 식중독 예방수칙을 제시하였다 표 1-6 그림 1-8 그림 1-9.

「식품위생법」 제12장 제86조(식중독에 관한 조사보고)

① 다음 각 호의 어느 하나에 해당하는 자는 지체 없이 관할 특별자치시장·시장(「제주특별자치도 설치 및 국제자유도시 조성을 위한 특별법」에 따른 행정시장을 포함한다. 이하 이 조에서 같다)·군수·구청장에게 보고하여야 한다. 이 경우 의사나 한의사는 대통령령으로 정하는 바에 따라 식중독 환자나 식중독이 의심되는 자의 혈액 또는 배설물을 보관하는 데에 필요한 조치를 하여야 한다.

1. 식중독 환자나 식중독이 의심되는 자를 진단하였거나 그 사체를 검안(檢案)한 의사 또는 한의사
2. 집단급식소에서 제공한 식품 등으로 인하여 식중독 환자나 식중독으로 의심되는 증세를 보이는 자를 발견한 집단급식소의 설치·운영자

② 특별자치시장·시장·군수·구청장은 제1항에 따른 보고를 받은 때에는 지체 없이 그 사실을 식품의약품안전처장 및 시·도지사(특별자치시장은 제외한다)에게 보고하고, 대통령령으로 정하는 바에 따라 원인을 조사하여 그 결과를 보고하여야 한다.

③ 식품의약품안전처장은 제2항에 따른 보고의 내용이 국민보건상 중대하다고 인정하는 경우에는 해당 시·도지사 또는 시장·군수·구청장과 합동으로 원인을 조사할 수 있다.

④ 식품의약품안전처장은 식중독 발생의 원인을 규명하기 위하여 식중독 의심환자가 발생한 원인시설 등에 대한 조사절차와 시험·검사 등에 필요한 사항을 정할 수 있다.

표 1-6 식중독 예방수칙

여름철 식중독 예방수칙
• 모든 음식물은 익혀 먹고 물은 반드시 끓여 먹는다. • 조리한 식품을 실온에 두지 않는다. • 한 번 조리된 식품은 철저하게 재가열한 후 먹는다. • 날 음식과 조리된 식품은 각각 다른 봉지에 싼 후 용기에 넣어 서로 섞이지 않도록 한다. • 육류와 어패류를 취급한 칼, 도마는 교차오염이 발생하지 않도록 구분하여 사용한다. • 음식 조리하기, 식사, 화장실을 다녀온 후, 외출에는 반드시 손을 씻는다. • 부엌 내 모든 곳을 청결히 유지하고 조리대, 도마, 칼, 행주의 청결에 특히 주의한다. • 상가, 예식장, 수학여행 등 집단급식에는 날 음식 접대를 피한다. • 생선을 손질할 때 아가미, 내장 등을 제거한 후 흐르는 수돗물에 씻어 끓여 먹고 칼, 도마를 철저하게 소독한다.
겨울철 식중독 예방수칙
• 식품 조리종사자는 손씻기 등 개인 위생관리를 철저히 한다. • 음식물은 반드시 익혀 먹는다. • 식중독 환자의 구토물을 처리할 때에는 반드시 일회용 장갑을 착용하고, 오물은 비닐봉투에 넣어 봉하여 처리한다. • 구토물로 오염된 표면은 염소계 소독제로 신속하게 소독하여 노로바이러스 감염 확산을 방지한다. • 노로바이러스에 오염된 이불이나 의류는 비누와 뜨거운 물로 세탁한다. • 노로바이러스에 감염된 음식물 취급자는 완치 후 3일 정도는 조리에 종사하지 않는다.
집단급식소 식중독 예방수칙
• 식품을 취급하는 사람은 음식을 다루기 전 20초 이상 비누로 손을 깨끗이 씻는다. • 식품은 충분히 가열(70℃ 이상에서 30분 이상)하고, 조리가 끝난 식품은 넓은 그릇에 담아 편 후 신속하게 냉각한다. • 조리한 식품은 실온에 두지 말고 10℃ 이하의 냉장고에 보관한다. • 냉장고에 식품을 보관할 경우에는 냉기의 원활한 이동을 위해 냉장고 부피의 약 70% 정도만 채운다. • 어패류, 식육 등은 영양이 풍부하여 미생물 증식에 의한 부패 변질의 위험이 높아 충분한 가열, 조리가 필요하고 취급 및 관리에 주의한다. • 대량으로 식사를 준비하는 경우에는 가열 조리한 식품과 비가열 식품의 상호 접촉으로 인한 교차 및 2차 오염에 유의한다. • 대량의 조리식품을 야외로 운반할 경우에는 단열재로 포장하거나 보냉장치를 구비한 용기에 담아 운반, 보관하고 목적지에 도착 즉시 섭취한다. • 장례, 결혼, 모임 등에 제공되는 식사는 가열 조리된 식품 제공을 원칙으로 하고, 하절기에는 회, 조개류, 달걀구이, 햄, 소시지 등 식육제품과 가열 조리가 불가능한 샐러드 사용은 피한다. • 냉장, 냉동 식품을 상온에 보관하면 식중독균이 급속히 증식하므로 섭취 직전까지 냉장 상태를 유지한다. • 습도가 높으면 높을수록 식중독균의 증식속도가 빠르기 때문에 장마철 식중독 발생에 특히 주의한다.

출처 : 질병관리청 국가건강정보포털, https://health.cdc.go.kr/healthinfo/biz/health/main/mainPage/main.do

그림 1-8 식중독 예방을 위한 3대 원칙

출처 : 질병관리청 국가건강정보포털, https://health.cdc.go.kr/healthinfo/biz/health/main/mainPage/main.do

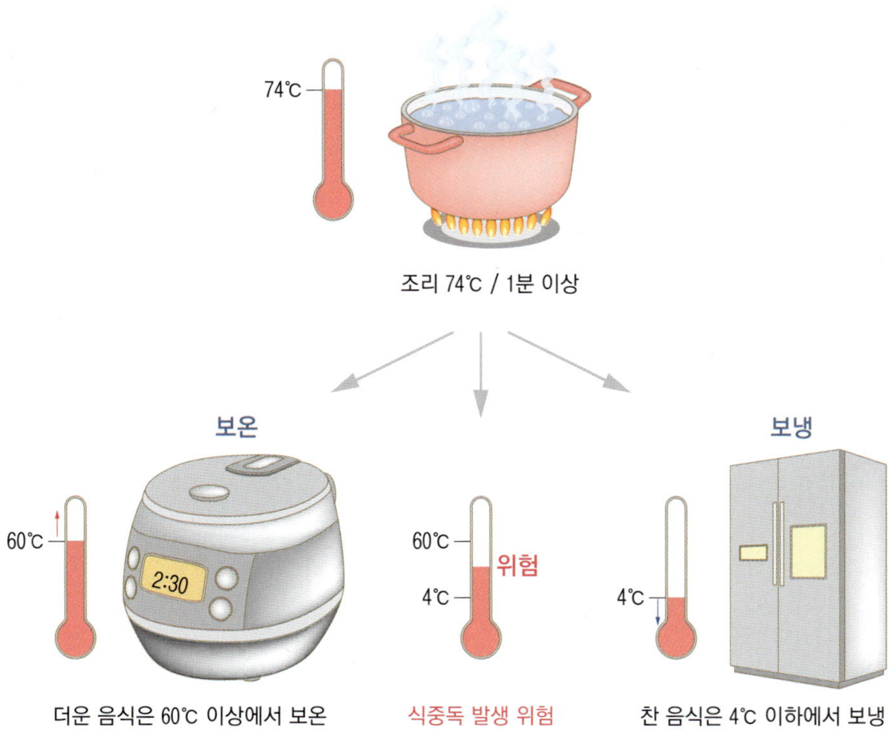

그림 1-9 식중독 예방을 위한 보관온도 관리

출처 : 질병관리청 국가건강정보포털, https://health.cdc.go.kr/healthinfo/biz/health/main/mainPage/main.do

CHAPTER 2

식품과 미생물

1. 미생물의 개요 / 2. 식품 위생지표 미생물 / 3. 식품의 변질과 위생관리

1. 미생물의 개요

미생물microorganism이란 너무나 작아서 맨눈으로 볼 수 없는 생명체로 세균bacteria, 곰팡이mold·버섯mushroom·효모yeast 등의 진균류fungi, 미세조류microscopic algae, 원생동물protozoa과 조류독감·신종플루·코로나19 등의 감염성 질환을 유발하는 바이러스virus 등으로 분류된다 그림 2-1.

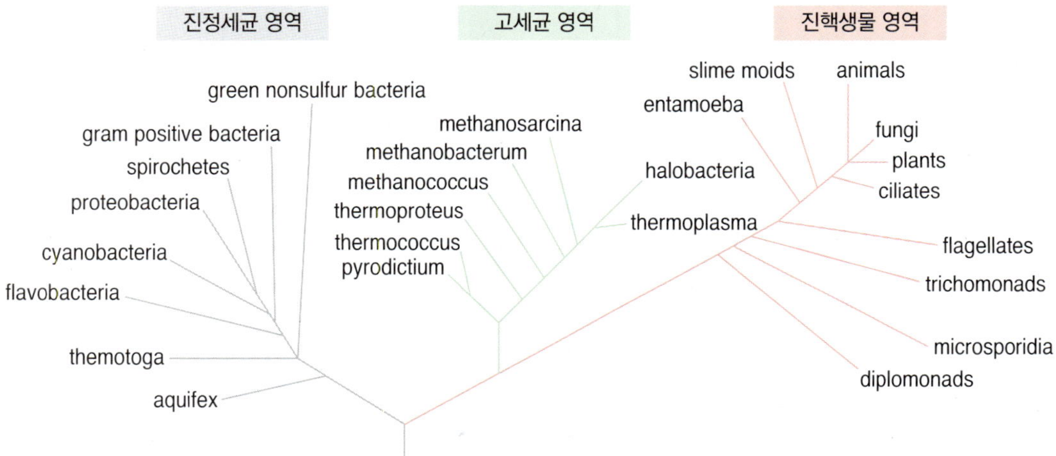

그림 2-1 염기서열에 따른 생물계의 분류

식품은 대부분의 미생물에 있어서 우수한 영양원이며, 온도와 수분 등의 조건이 함께 만족되면 미생물은 식품 내에서 단시간 내에 증식하여 부패를 일으킨다. 이러한 이유에서 식품의 안전성을 확보하기 위해서 미생물을 이해하는 것은 매우 중요하다.

1) 세균

세균은 원핵세포prokaryote로 분류되며 일반적으로 이분법binary fission에 의해 증식한다.

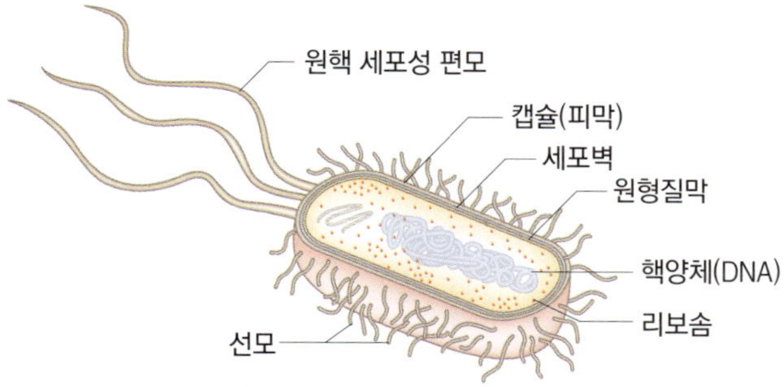

그림 2-2 세균의 구조

자연계에는 35문phyla, 2,800속genera가량의 세균이 존재한다(http://www.bacterio.net/-classifphyla.html).

세균의 분류 예는 표 2-1에 나타내었으며, 주요 식품 미생물의 예는 표 2-2와 같다.

표 2-1 세균의 분류

분류 기준	분류	특징	비고
그람 염색성	그람 양성균 (gram positive)	두꺼운 펩티도글루칸층, 외막 없음	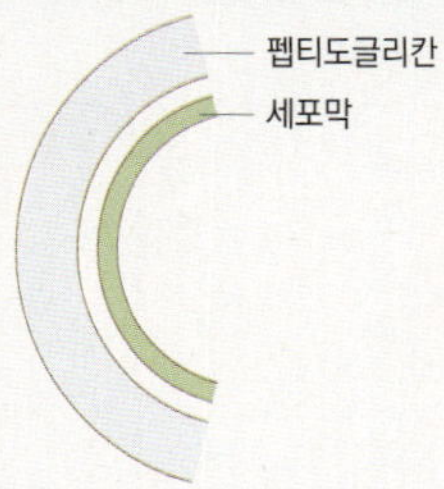 그람 양성균 세포벽 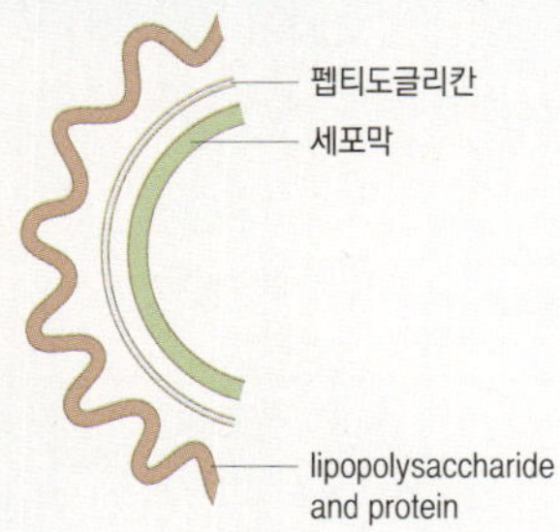 그람 음성균 세포벽
	그람 음성균 (gram negative)	얇은 펩티도글루칸층, 외막 있음	
형태	구균(coccus)	공 모양	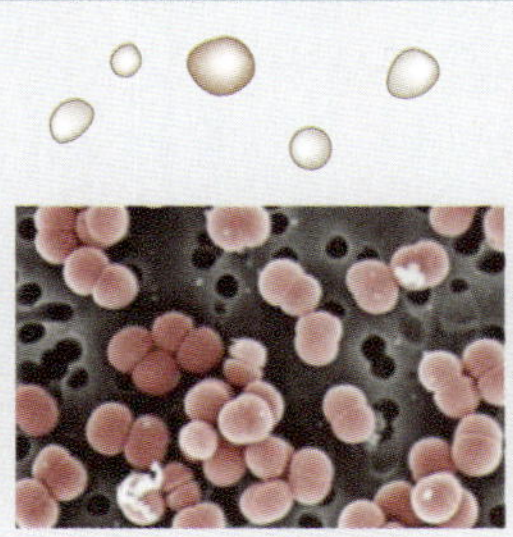 구균  간균
	간균(bacillus)	막대 모양	

(계속)

분류 기준	분류	특징	비고
산소 요구성	절대호기성균 (aerobe)	*Acetobacter, Gluconobacter* sp.	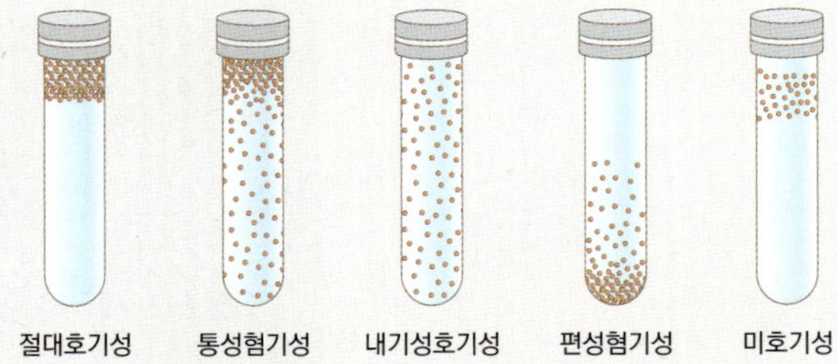
	통성혐기성균 (facultative anaerobe)	대부분의 세균	
	내기성호기성균		
	편성혐기성균 (anaerobe)	*Clostridium* sp.	
	미호기성균 (microaerobe)	*Campylobacter* sp.	
생육 pH	산성균		
	중성균	대부분의 세균	
	염기성균		
생육 온도	저온균 (psychrophile)	0~20℃	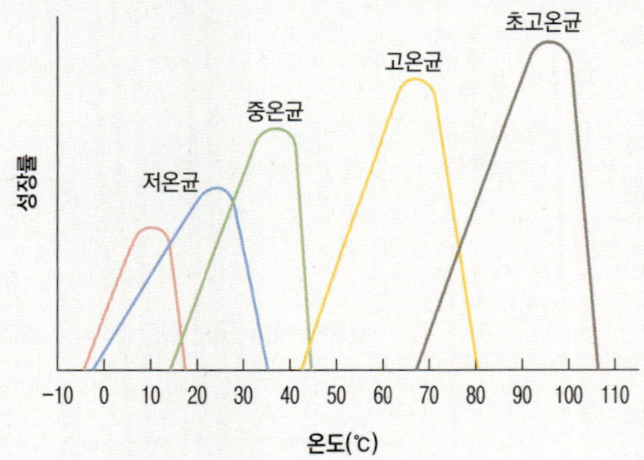
	중온균 (mesophile)	25~40℃, 대부분의 세균	
	고온균 (thermophile)	50~60℃	
포자 형성 유무	무포자		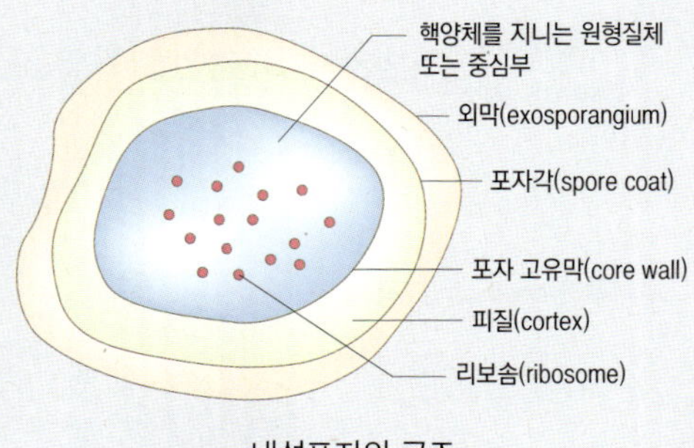 내성포자의 구조
	유포자	외부 환경이 열악해질 경우 내생포자endospore 형성 • 포자는 내열성이 좋아 가열 조리 시에도 생존 가능 • 화학제에 대한 저항성이 높아 살균제 처리 시에도 생존 가능 • 환경이 좋아지면 발아germination하여 영양세포vegetable cell로 성장	

(계속)

<table>
<tr><th>분류 기준</th><th colspan="3">분류</th><th>특징</th><th>비고</th></tr>
<tr><td rowspan="5">편모 유무</td><td colspan="3">무편모</td><td>편모 없음</td><td rowspan="5">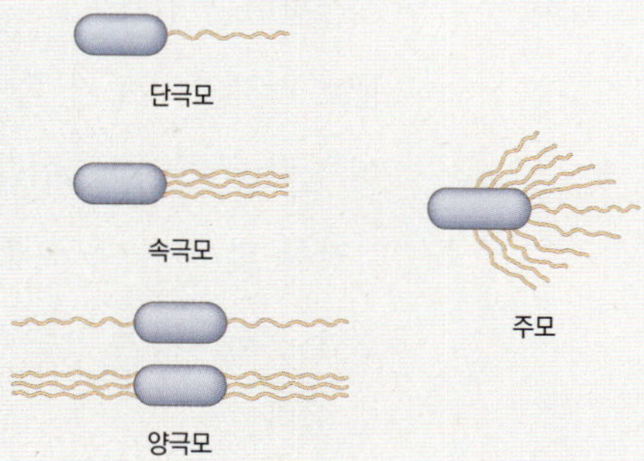
</td></tr>
<tr><td rowspan="4">유편모</td><td rowspan="3">극모
(polar flagella)</td><td>단극모</td><td>하나의 편모</td></tr>
<tr><td>속극모</td><td>한 방향, 여러 개의 편모</td></tr>
<tr><td>양극모</td><td>양끝 방향에서 편모 관찰</td></tr>
<tr><td colspan="2">주모</td><td>세포 주변에 편모 형성</td></tr>
</table>

표 2-2 식품과 관련된 주요 세균

미생물	특징
Bacillus sp.	그람 양성, 간균, 내열성 포자 형성, 가열 식품의 부패 원인균 *B. subtilis*(장류 발효), *B. cereus*(식중독균)
Staphylococcus sp.	그람 양성, 구균, *S. aureus* (독소형 식중독균)
Pseudomonas sp.	그람 음성, 호기성 간균, 저온 저장 시 부패균
Vibrio sp.	그람 음성, 간균, 호염성, 장염 비브리오균, 감염성 콜레라 원인균
Micrococcus sp.	그람 양성, 호기성 구균
Proteus sp.	그람 음성, 간균, 알러지성 식중독균
Shigella sp.	그람 음성, 간균, 세균성 이질균
Salmonella sp.	그람 음성, 간균, 장티푸스, 감염형 식중독균
Escherichia coli	그람 음성, 간균, 분변 오염의 지표
Clostridium sp.	그람 양성, 혐기성 간균, 내열성 포자 형성, 육가공품, 통조림 식품의 부패균 *C. botulinum*(독소형 식중독균), *C. perfringens*(중간형 식중독균)
Lactic acid bacteria (*Lactobacillus*, *Lactococcus* sp. etc.)	그람 양성, 구균 및 간균, 젖산 발효균(발효유 및 김치 발효)
Acetic acid bacteria (*Acetobacter*, *Gluconobacter* sp. etc.)	그람 음성, 호기성 간균, 초산발효균

2) 곰팡이

곰팡이는 진핵세포eukaryote로 실 모양의 균사hypha로 자라는 사상균이다. 다세포 미생물로 각각의 세포가 독립적인 성장이 가능하며 자실체fruit body와 균사체mycellium를 합하여 집락(균총)colony이라 한다.

장류 및 주류 등 식품의 발효에 관여하는 유용한 곰팡이도 있지만, 식품에 번식하여 품질을 저하시키고 아플라톡신aflatoxin과 같은 진균독mycotoxin을 생성하는 해로운 곰팡이도 있다.

곰팡이는 균사의 격벽 유무에 따라 격벽이 있는 순정균류와 격벽이 없는 조상균류로 분류된다. 또한 포자의 생식방법에 따라서도 분류된다 그림 2-3.

일반적으로 곰팡이는 유기물을 영양소로 이용하나 클로로필이 없어 광합성 능력은 없다. 곰팡이는 호기성으로 식품의 표면에서 생육한다. 다른 미생물에 비해 비교적 건조한 조건(13~15%의 수분함량)에서도 생육이 가능하며, 세균 및 효모에 비해 낮은 수분활성도water activity를 갖는다. 생육에 요구되는 최적 pH는 2.0~9.0으로 광범위하여 세균과 효모에 비하여 낮은 pH에서도 생육이 가능하다 그림 2-4. 또한 대부분의 곰팡이는 중온성 미생물로

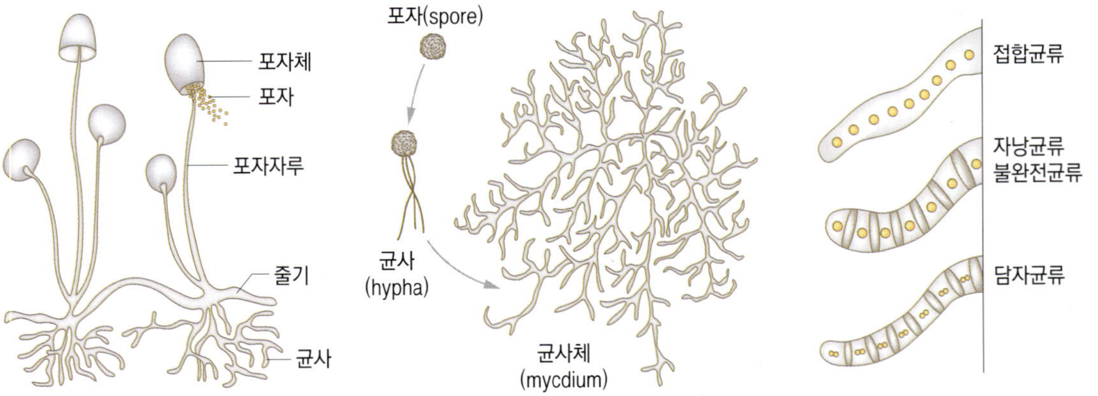

그림 2-3 곰팡이의 구조

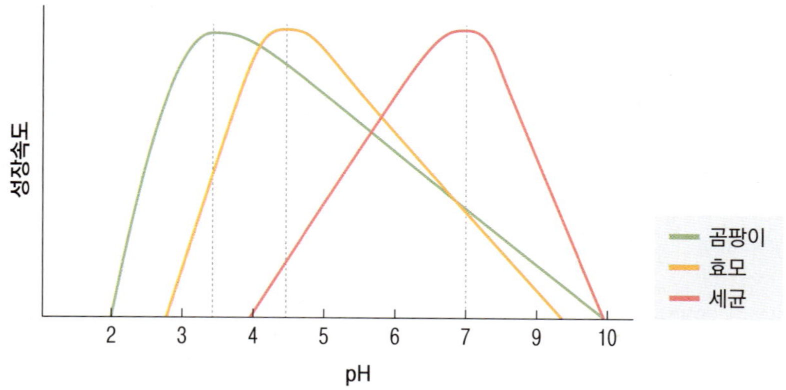

그림 2-4 미생물의 생육에 미치는 pH의 영향

알려져 있다.

식품위생과 관련된 주요 곰팡이는 표 2-3과 같다.

표 2-3 식품위생과 관련된 주요 곰팡이

곰팡이	관련 식품	특징
Eurotium sp. *Aspergillus restrictus* *Wallemia sebi*	당장, 염장 식품	내삼투압성
Xeromyces bisporus	건조과일, 벌꿀, 흑설탕	내삼투압성
Chrysosporium farinicola	초콜릿, 코코넛, 젤리, 건조과일	내삼투압성
Basipetospora halophila	염장어, 미역, 침채류, 천일염	내삼투압성
Thamnidium elegans	냉장축육(보풀현상)	호냉성
Pseudogymnoascus roseus	식용얼음	호냉성
Aureobasidium pullulans *Cladosporium cladosporioides* *Cladosporium herbarum* *Penicillium hirsutum*	냉장식육(흑색반점)	내냉성
Geomyces pannorum	냉장식육(백색반점)	내냉성

(계속)

곰팡이	관련 식품	특징
Penicillium aurantiogriseum *Penicillium chrysogenum* *Penicillium commune* *Penicillium crustosum* *Penicillium expansum* *Penicillium oxalicum* *Penicillium roqueforti* *Penicillium verrucosum*	냉장식육(청록색반점)	내냉성
Byssochlamys fulva *Byssochlamys nivea* *Neosartorya* sp. *Talaromyces* sp.	과실 병·통조림, 과즙음료, 다류음료, 레토르트 식품, 액상조미료	내열성
Paecilomyces variotii	과즙, 청량음료, 젤리	내열성
Penicillium sabulosum *Penicillium oblatum*	삶은 면, 스파게티	내열성

출처 : 김옥경 외, 2018

3) 효모

효모는 주로 출아법budding에 의해 생육하는 단세포 진핵세포 구조를 갖는 미생물이다 그림 2-5. 생육 환경이 좋을 경우에 대부분의 효모는 출아법으로 증식하며, *Schizosaccharomyces*속의 경우에는 분열로 증식이 가능하다. 반면에 생육 환경이 열악할 경우 유성 또는 무성 포자를 형성하기도 한다. 효모는 주류의 발효에 이용되고 알코올 발효 시 CO_2가 발생된다.

그림 2-5 **출아중인 효모**

분류학적으로는 자낭균류, 담자균류, 불완전균류 등으로 분류되며, 산막(얇은 피막)의 형성에 따라 산막효모와 비산막효모로 나뉜다. 이때 산막효모는 발효식품의 산패 원인으로 작용하기도 한다. 또한 맥주 발효에 있어 효모는 상면발효효모top fermented yeast와 하면발

표 2-4 식품위생과 관련된 주요 효모

효모	관여식품	특성
Candida parapsilosis	식육·유제품, 수산식품, 과실가공품	발효성, 내삼투암성, 지방 분해
Debaryomyces hansenii	식육·유제품, 수산식품, 발효식품, 냉동식품	내염성, 산막, 이취 형성
Hanseniaspora uvarum	과실, 과실가공품	내삼투압성, 알코올 내성, 이취 형성
Issatchenkia orientslis	식육·유제품, 과실, 올리브절임	산막
Pichia anomala	대부분의 식품	내삼투압성, 알코올 내성, 산막, 이취 형성
Pichia membranifaciens	청과물 및 가공품, 김치류, 드레싱, 마요네즈, 포도주, 맥주	내염성, 아세트산 내성, 산막, 이취 형성
Rhodotorula glutinis	유제품, 수산식품, 냉장식품, 과실, 과자	내염성, 내냉성, 산막, 착색
Saccharomyces cerevisiae	음료, 요구르트	발효성, 내열성
Saccharomyces exiguus	올리브절임, 샐러드, 김치류, 과즙	발효성, 아세트산 내성
Yarrowia lipolytica	식육·유제품, 마요네즈, 올리브절임	지방 분해, 산막
Zygosaccharomyces bailii	액상식품, 포도주	발효성, 내삼투압성
Zygosaccharomyces rouxii	당질식품, 김치류, 간장, 된장	발효성, 내삼투압성, 산막

출처 : 김옥경 외, 2018

효효모bottom fermented yeast로 나뉜다.

식품위생과 관련된 주요 효모는 표 2-4와 같다.

4) 바이러스

바이러스는 0.02~0.3 nm의 크기로 전자현미경으로만 관찰이 가능하며 그림 2-6, 스스로 대사활동을 할 수 없어 반드시 숙주세포가 있어야만 증식할 수 있다.

바이러스의 구조는 DNA 또는 RNA 핵산이 단백질(coat protein)로 둘러싸인 형태로, 자가 복제가 불가능하여 숙주에 기생하여 증식한다 그림 2-7.

숙주 세포에 따라 인체바이러스(인간), 식물바이러스(식물), 동물바이러스(동물), 박테리오파지(세균) 등으로 분류된다. 또한 바이러스의 핵산은 DNA나 RNA 중 한 가지만 존재하

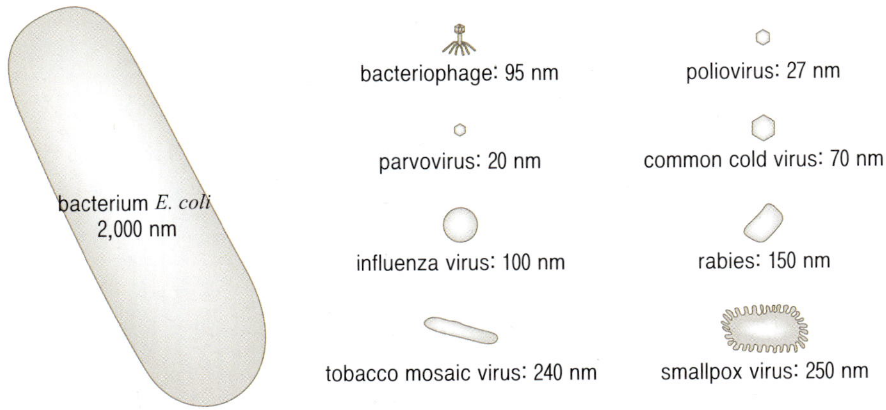

그림 2-6 바이러스의 크기

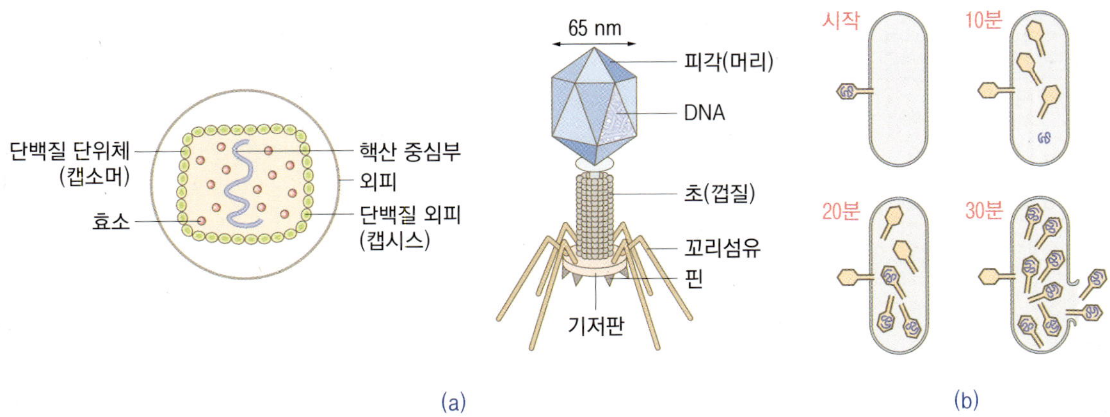

그림 2-7 바이러스의 일반적인 구조(a)와 박테리오파지의 형태와 생활환(b)

므로 DNA 바이러스, RNA 바이러스로 분류되기도 한다.

바이러스는 식품과 물을 통해 사람에게 전파가 가능하다. 항생제에 대한 감수성이 없으므로 바이러스가 원인인 질병의 경우 치료에 어려움이 있으며, 항바이러스 백신 등이 아직까지 개발되지 않은 바이러스가 많아 개인위생 및 식음료 관리를 통한 예방이 중요하다.

바이러스 질병의 종류는 표 2-5, 표 2-6과 같다.

표 2-5 바이러스 질병의 종류

숙주	질병의 종류
인체	감기, 인플루엔자, 홍역, 볼거리, 수두, 소아마비, AIDS 등
동물	구제역, 광견병 등
식물	담배 모자이크병 등

표 2-6 최근 발생한 바이러스 관련 질환

Virus	질환	증상	최초 발생/국내사례
SARS associated coronavirus	중증급성호흡기증후군군 (SARS, 1급)	발열과 기침, 호흡곤란, 비정형 폐렴	2003년 2월 중국 광동성
Avian Influenza A virus AI(H5N1) AI(H7N9)	조류인플루엔자인체감염증 (AI, 1급)	38℃ 이상의 급작스런 발열과 함께 기침, 근육통	우리나라에서는 2003년 12월, 가금류에서 A(H5N1)형 고병원성 조류인플루엔자 발생
Influenza virus A, B, C형	인플루엔자(4급)	발열, 두통, 근육통, 기침, 객담 등의 전신 증상 및 호흡기 증상	1918년에 유행했던 스페인 독감은 약 5,000만 명의 사망 초래
Influenza virus A형의 변이체 H1N1 바이러스	신종인플루엔자 신종플루(1급)	발열, 기침 구토	2009년 4월 21일 캘리포니아에서 2명의 돼지인플루엔자 환자 발생 사례 보고
메르스 바이러스 (MERS-CoV)	중동호흡기증후군 (MERS, 1급)	기침, 발열, 호흡곤란	2012년 9월에 사우디아라비아에서 처음 발견
에볼라 바이러스	에볼라병	고열, 전신 쇠약감, 근육통, 두통 등을 호소하다 오심, 구토, 설사 등이 나타나며 탈수, 쇼크	콩고와 수단에서 1976년 처음 발생
지카 바이러스	지카 바이러스 감염증 (3급)	가벼운 두통이나 발진, 열, 관절통	1952년 우간다와 탄자니아에서 처음 보고
SARS-CoV-2 : Coronaviridae에 속하는 RNA 바이러스	코로나바이러스 감염증-19(COVID-19)	발열, 권태감, 기침, 호흡곤란 및 폐렴 등 경증에서 중증까지 다양한 호흡기감염증	2019년 12월 중국 우한에서 최초 발생

2. 식품 위생지표 미생물

식품이 위생적으로 취급되었는가 또는 식품이 위생적으로 안전한가를 판단하기 위해서 위생지표 미생물(대장균군, 분변계 대장균, 장구균)을 정하여 식품의 안전성을 평가할 수 있다. 위생지표 미생물의 조건은 다음과 같다 표 2-7.

① 온혈동물의 장관 내에 많은 수가 존재해야 한다.

② 분변과 관련이 없는 자연에 존재하는 미생물은 지표미생물이 될 수 없다.

③ 병원성 미생물과 함께 존재해야 한다.

④ 검사방법이 간단하고 국제적으로 통일되어 있어야 한다.

표 2-7 분변오염 지표균

특징	대장균군	장구균
형태	간균	구균
그람 염색성	음성	양성
동결에 대한 저항성	약함	강함

1) 대장균군

대장균군Coliform bacteria은 그람 음성의 무아포 간균 호기성 또는 통성 혐기성균으로 35~37℃에서 배양 시 유당(젖당)을 분해하여 가스를 생성하는 균을 말한다. 일반적으로 *Escherichia coli*, *Citrobacter freundii*, *Enterobacter aerogenes*, *Enterobacter cloacae*, *Klebsiella pneumoniae*, *Erwinia carotovora*, *Proteus morganii*, *Serratia marcescens* 등이 있다.

대장균군에는 분변성 대장균 외에 일부 *Enterobacter*속과 같은 비분변성 균이 존재하므로, 대장균군이 검출되었다고 해서 반드시 분변오염이나 잠재적인 병원균의 오염과는 직결되지 않는다. 또한 흙·물 등 자연계에 널리 존재할 뿐만 아니라 동물체의 밖에서도 증식할 수 있으며, 동결에 대한 저항성이 낮아 냉동식품 검사 시에는 지표미생물로서 여러 조건을 충족시키기엔 부적당하다. 따라서 대장균군이 검출되었을 경우, 사람 또는 동물의 분변으로부터의 오염, 기계설비의 오염 및 불충분한 살균, 살균 및 조리 후의 재오염 등을 고려해야 한다.

2) 대장균

대장균*Escherichia coli*은 대장균군 중에서 가장 대표적인 분변오염의 지표균이다 그림 2-8. 대장균의 주된 서식처는 사람, 온혈동물의 장관으로 자연계에서는 생존시간이 짧다. 다른 대장균군보다 분변, 장내 병원균들 사이에 밀접한 관련이 있으므로 대장균 검사를 실시하면 식품의 분변에 의한 오염을 보다 확실하게 추정이 가능하다.

그림 2-8 대장균 현미경 사진

3) 장구균

장구균*Enterococcus*속은 사람과 온혈동물의 장관 내 상재하는 그람양성의 구균으로 그림 2-9 *Enterococcus feacalis*, *Enterococcus feacium*과 일부 분변성 *Streptococcus*속이 해당된다. 건조, 고온, 냉동 저항성이 강하므로 냉동식품의 오염지표균으로 이용된다.

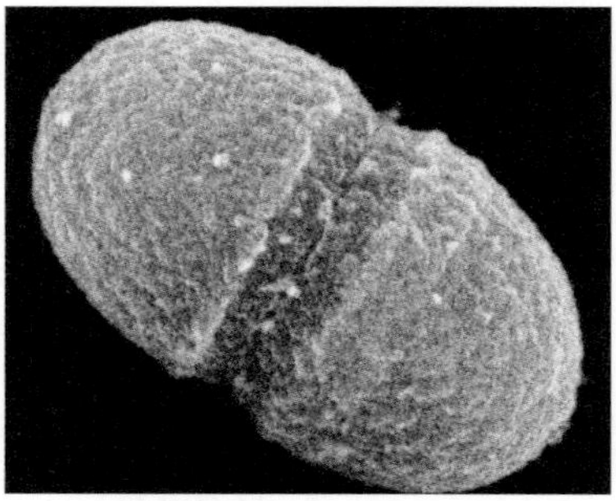

그림 2-9 장구균(*Enterococcus feacalis*) 현미경 사진

장구균은 주로 장관에 존재하므로 물이나 식품에서 이들의 출현은 직·간접적으로 분변의 오염을 의미하나, 이들 역시 분변 오염원이 제거된 환경에서도 증식이 가능하므로 이들이 식품 내에서 검출되었다 하더라도 장내 병원균이 존재한다고 할 수 없다. 따라서 정확한 분변 오염 상태를 확인하기 위해서는 대장균군과 장구균을 동시에 검사하는 것이 요구된다 표 2-7.

3. 식품의 변질과 위생관리

식품을 부패시키는 주원인은 미생물에 있으므로 미생물에 의한 오염 방지와 미생물의 증식을 억제하는 것은 위생관리에 중요하다.

1) 미생물과 식품의 변질

발효fermentation는 유익한 미생물에 의해 유기산이나 알코올 등 바람직한 생산물로의 생화학적 변화가 일어나는 현상을 말하며, 부패putrefaction는 단백질을 함유한 식품이 미생물에 작용으로 분해되어 악취나 유해물질을 생성하는 현상을 말한다. 또한 변패deterioration는 탄수화물이나 지방이 미생물의 작용으로 분해되어 산미를 생성하거나 특유의 방향을 잃거나 하는 경우를 의미하며, 산패rancidity는 유지가 분해되어 악취를 생성하는 것을 의미한다.

식품의 부패를 초래하는 미생물은 세균, 효모, 곰팡이 등으로 대표적인 부패 미생물의 예는 표 2-8과 같다. 이러한 부패 미생물에 의한 식품 부패경로는 살아있는 세포에 의한 식품 구성성분의 물질대사와 성장을 통하거나 세포 내외 효소들에 의한 질의 변화로 요약된다. 따라서 이러한 부패를 줄이기 위해서는 식품의 소비기한을 철저하게 확인하고, 식품의 부패상태를 결정하는 것이 중요하다.

식품의 부패 평가지표로는 관능평가, 생물학적(미생물학적)·물리적·화학적 변화 등이 있다. 관능평가는 눈, 코, 입 등의 감각기관을 이용하여 색상, 냄새, 맛, 질감, 모양의 변화 등을 평가하는 것으로 개인적인 차이가 있어서 객관적인 지표가 되기 어렵다. 미생물학적 평가는 세균수를 측정하여 신선도를 측정하는 방법으로 식품의 신선도 판정에 유용한 지표이다. 일반적으로 식품 1 g 또는 1 mL당 10^7 CFU이면 초기 부패로 볼 수 있다. 화학적 평가는 휘발성 염기질소, 트리메틸아민, 히스타민, pH 등을 측정함으로써 부패 정도를 측정할 수 있다.

표 2-8 식품별 대표적인 부패 미생물

식품	부패 미생물
과일	*Erwinia, Rhizopus* sp.
채소	*Monolia, Penicillium* sp.
곡류	*Aspergillus* sp.
육류	*Micrococcus, Streptococcus* sp.
어패류	*Pseudomonas* sp., *Vibrio* sp.
통조림	*Clostridium* sp.

2) 식품의 변질 방지

식품을 부패시키는 주원인은 미생물에 있으므로 미생물에 의한 식품의 오염 방지와 미생물의 증식을 억제하고 식품의 신선도를 유지하는 것이 부패 방지대책이라 할 수 있다. 즉, 부패를 방지하여 보존성을 높이고 식품이 물리적, 화학적 변화를 받지 않도록 하는 것으로서 식품을 보존할 수 있다. 식품의 보존법은 물리적·화학적·생물학적 처리법과 플라스틱 진공포장 등으로 나뉘며, 실제로 두 가지 이상을 병용하는 경우가 많다.

(1) 물리적 처리법

① 식품의 저온저장법

대부분의 세균은 10℃ 이하의 온도에서는 번식하기 어렵고, 더 낮은 온도인 -10℃ 이하에서는 저온세균과 호냉세균도 번식하지 않으므로 미생물의 생육에 따른 식품의 변화를 방지할 수 있다.

② 가열처리법

가열에 의해 미생물을 사멸시키고, 효소도 불활성화시키는 방법이다.

③ 건조법

탈수에 의하여 미생물의 발육과 효소작용에 필요한 수분을 제거하는 방법이다. 건조법으로는 천일건조(자연건조), 열풍건조, 진공건조, 동결건조, 전기건조, 분무건조, 약품건조 등이 있다.

④ 방사선 조사

자외선을 이용하여 미생물을 사멸시키는 자외선살균법과 방사선동위원소의 방사선을 이용하여 식품 원래의 성질의 변화 없이 위생적인 식품을 만드는 방사선 살균법이 있다.

(2) 화학적 처리법

① 염장법

식염의 탈수작용을 이용한 것이다.

② 당절임법

당이 50% 이상의 농도에서는 삼투압에 의해 미생물의 증식을 억제하는 것을 이용한 보존방법이다.

③ 초절임법

식품에 식초(초산 3~4%를 함유)를 첨가하여 pH 4.0 이하로 하면 미생물의 발육이 억제될 수 있다.

④ 훈연법

훈연 형성이 우수한 벚나무, 참나무, 떡갈나무 등의 연기 중의 알데하이드, 페놀 같은 물질을 어육류의 조직에 침투시켜 건조와 살균 작용을 도모하고 동시에 저장성과 향미를 증진시키는 방법이다.

⑤ 가스저장법

CO_2, N_2 가스를 이용하여 호기성 부패 세균의 번식을 억제시키는 방법으로 어육류, 난

류 또는 채소의 저장에 쓰인다.

⑥ 훈증법

훈증 가스제를 곡류 등에 적용하여 곤충, 기생충란 및 미생물을 사멸시키는 방법인데 훈증제로 $CHCl_3$, NO_2, 에틸렌옥사이드C_2H_4O, 메틸부로마이드CH_3B_2, 클로로피크린CH_3NO_2 등이 흔히 사용된다.

⑦ 염건법

식염에 의한 탈수, 건조에 의한 탈수를 조합시키는 방법이다.

⑧ 보존료 등 화학물질의 첨가

식품첨가물 중 살균료와 보존료를 사용하여 보존성을 높이는 방법으로 안식향산, 소르빈산, 데히드로초산, 파라옥시안식향산 에스테르, 프로피온산 등이 보존료로 이용된다.

(3) 생물학적 처리법

식품에 유용한 세균 또는 효모, 곰팡이 등을 발육시켜 유해한 미생물의 생육을 저해시키고 풍미를 증진시키는 보존방법으로서 치즈, 주류, 장류 등의 발효식품과 절임식품에 이용하고 있다.

3) 살균과 소독

멸균·살균sterilization은 아포를 포함한 모든 미생물을 살균 또는 제거하여 무균상태를 만드는 것을 말한다. 소독disinfection은 물체의 표면 또는 그 내부에 있는 병원균을 죽여 전파력 또는 감염력을 없애는 것을 말하며 미생물의 포자는 제거되지 않는다.

주요 소독제는 표 2-9와 같다.

표 2-9 소독제의 종류와 작용

소독제		농도	용도	작용	특징
수은화합물	승홍	0.1%	무균실, 비금속성 기구 소독	단백질 변성	금속 부식, 피부 자극
	머큐로크롬	2.0%	피부, 점막 소독	단백질 변성	적색 분말
할로겐유도체	염소	잔류염소로 0.1~0.2 ppm	음료수, 하수 소독	단백질 변성	금속 부식, 자극성
	차아염소산나트륨	유효염소로 0.3~1 ppm	음료수, 채소 소독	단백질 변성, 균체 산화	금속 부식, 피부 자극
	요오드팅크	3.0~6.0%	피부 소독	단백질 변성	살균력 강함
역성비누	제4암모늄화합물	200~400배 희석	손, 피부, 기구 소독	단백질 변성, 세포막 손상	살균범위 좁음
지방족화합물	에틸알코올	70.0%	피부 소독	단백질 변성, 탈수, 응고	포자에 효과 낮음
	포르말린	0.0002~10.0%	의료기구, 코지실, 병원, 창고, 직물, 고무, 가죽, 털 소독	단백질 변성	포자에 효과 큼
	포름알데하이드	0.1%			
방향족화합물	페놀(석탄산)	3.0~5.0%	피부, 기구, 배설물 소독	단백질 변성, 세포막 손상	냄새 강함
	크레졸	1.0~2.0%	손, 발, 화장실, 축사 소독	단백질 변성, 세포막 손상	냄새 강함
산화제	과산화수소	3.0%	상처, 구내 소독	균체 상화	자극 적음
	과망산칼륨	0.1~0.5%	피부 소독		착색력 강함
	오존	-	물 소독		인체에 유해
	붕산	2.0~3.0%	점막, 눈 소독		방부제

출처 : 김주영 외, 2017

CHAPTER 3

세균성 식중독 및 바이러스성 식중독

1. 세균성 식중독 / 2. 바이러스성 식중독

식중독food poisoning, 食中毒은 사전적 의미로는 "음식물 가운데 함유된 유독물질의 섭취로 생기는 병"을 총칭하는 말이며, 주로 소화기관 이상을 유발하여 설사·복통·구토 따위의 증상이 나타난다. 유독물질의 종류에 따라 세균성 식중독, 자연독 식중독, 화학적 식중독으로 분류될 수 있다. 세균성 식중독은 주로 급성 식중독을 유발하며, 자연독 식중독은 그 유발물질에 따라 급성 및 만성 식중독으로 구별된다. 화학적 식중독은 대부분 우리 인체에 축적되어 만성 식중독을 유발하는 것으로 알려져 있다.

세균성 식중독을 유발하는 생물학적 원인에 따라 감염형과 독소형, 중간형으로 구별하며, 세균bacteria과 달리 바이러스virus가 원인인 경우도 있다. 이 장에서는 주요 세균성 및 바이러스성 식중독의 원인 세균 및 바이러스의 종류, 특징, 주요 원인식품 및 예방법 등을 기술하였다.

표 3-1 세균성 및 바이러스성 식중독의 분류

구분	분류	해당 세균 및 바이러스
세균성	감염형	살모넬라, 병원성 대장균, 장염비브리오, 리스테리아, 캠필로박터, 여시니아, 시겔라
	독소형	황색포도상구균, 클로스티리듐 보툴리늄
	중간형	바실러스 세레우스, 클로스트리듐 퍼프린젠스
바이러스성	바이러스	노로바이러스, 로타바이러스

1. 세균성 식중독

세균성 식중독은 식품 중 활성상태로 증식된 세균과 세균이 인체 내에서 생성하는 독소에 의하여 발생하는 급성 소화기 염증 증상을 통칭하며, 주로 복통, 설사, 발열, 구토 등의 증상을 수반한다. 세균성 식중독은 국내 발생 식중독 중 절반 이상을 차지하는 식중독이며, 바이러스성 식중독도 약 25% 수준으로 발생하는 것으로 알려져 있다.

1) 세균성 식중독의 일반적 특징

(1) 최적 발육조건

대개 25~40℃ 정도의 온도, pH 6~8인 중성 조건에서 잘 증식한다.

(예외: *Botulinus* → 최적 pH 4.6)

(2) 예방법

① 식품 섭취 전 충분한 가열 조리

② 최대한 조리 후 빨리 섭취하며, 보관 시에는 제품 특성에 맞게 냉장·냉동 보관 실시

③ 식품 취급자의 건강상태 확인 및 위생관리 철저

④ 방충·방서 관리 철저로 위생동물과의 접촉 차단

⑤ 용도별, 식품별 조리기구의 구분 사용을 통한 교차오염 방지

⑥ 식품 원재료의 유통기한 관리 철저

⑦ 식용 용수의 관리

⑧ 조리자 및 식품 취급자에 대한 정기적 위생교육 실시 등

(3) 주증상

소화기 염증 증상(복통, 설사, 발열, 구토 등)

2) 세균성 식중독의 분류

(1) 감염형 식중독

식중독 세균이 증식한 상태(일반적으로 10^6 cfu/g 이상)로 오염된 식품을 섭취한 후, 그 식중독 세균이 장관 내 정착 증식해서 복통, 구토, 발열 등의 증상을 일으키는 것을 말한다.

① 살모넬라(*Salmonella*) 식중독

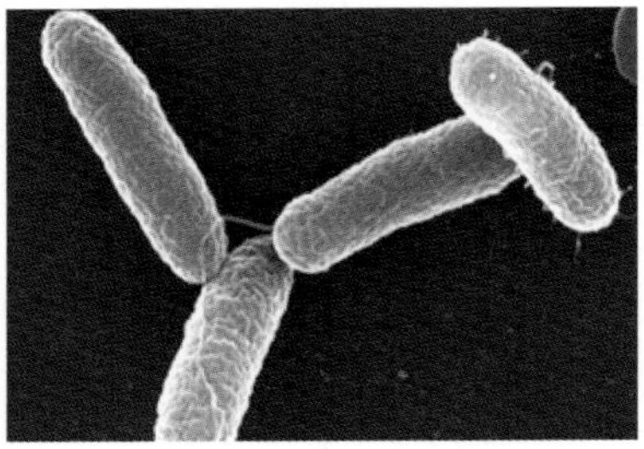

그림 3-1 *Salmonella typhimurium*

원인균 : *S. enteritidis*, *S. typhimurium*, *S. thompson* 등〔법정감염병을 유발하는 다음 살모넬라균과는 구별할 것 → *S.* typhi(장티푸스), *S.* paratyphi(파라티푸스)〕

특징

- 장내세균으로 포자를 생성하지 않음
  - 통성 혐기성이며 그람 음성의 간균임(주모성 편모를 가지고 있음)
- 10^6 cfu/g 이상 감염 시 발병
- 생육 최적온도는 35~43℃, 최적 pH는 7~8 수준임
- 열에 약하여 60℃에서 20분 정도 가열 시 사멸
- 6~48시간(균종에 따라 다양) 정도의 잠복기를 보이며, 평균 24시간 수준임
- 심한 고열(38~40℃), 설사, 복통, 구토 등의 증상을 나타냄

원인식품 및 감염원

- 식육, 달걀 및 그 가공품, 생가금류 등 축산식품 등에 주로 오염
- 분유, 향신료 등 건조식품 등도 종종 오염됨

예방법

- 깨진 달걀의 사용 금지 및 냉장 보관
- 식품의 충분한 조리 후 섭취(60℃에서 20분 정도 이상)
- 보관 음식 섭취 전 재가열

② 병원성 대장균 식중독

원인균 : 병원성 *Escherichia coli*(*E. coli*)

특징

- 특정 혈청형에 속하는 대장균은 설사를 유발하는데 이들을 병원성 대장균이라 부르

며, 임상 증상에 따라 장관병원성, 장관침입성, 장관독소원성, 장관출혈성 대장균으로 구분함

→ 대장균 O157:H7은 쉬가독소Shiga toxin를 생성하는 대표적 장관출혈성 대장균임

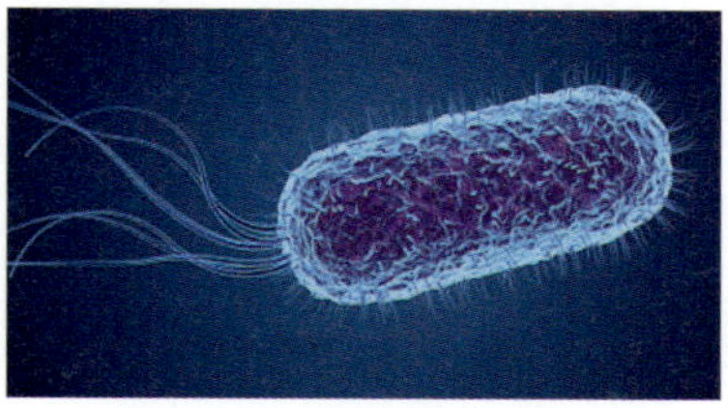

그림 3-2 *Escherichia coli*

- 그람 음성 통성 혐기성 간균의 장내세균으로 포자를 형성하지 않음
- 유당을 분해하여 산과 가스를 생성함
- 최적 발육온도는 37℃이며, 열에 약하여 60℃에서 30분 가열 시 사멸됨
  - 잠복기는 대개 10~24시간으로 알려져 있으며, 설사와 장염이 주요 증상임

원인식품 및 감염원

- 조리가 덜 된 햄버거, 생우유, 도시락, 샐러드 등
- 특히 오염된 쇠고기나 내장에 주로 분포

예방법

- 위생적으로 도살된 식육의 사용
- 충분한 가열 처리 후 섭취
- 식품 종사자들의 철저한 위생관리 등

③ 장염 비브리오(*Vibrio*) 식중독

원인균 : *V. parahaemolyticus*

특징

- 호염성 해수 세균(소금 농도 3~5%에서 증식)으로 민물이나 증류수에서 빨리 사멸되며 해수 온도가 15℃ 이상이면 급격하게 증식, 6~9월 중 주로 문제가 되는 식중독균임
- 그람 음성의 통성 혐기성 간균으로 포자를 형성

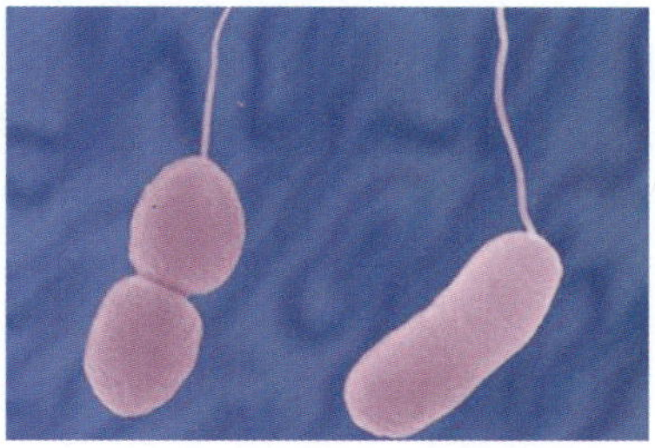

그림 3-3 *Vibrio parahaemolyticus*

하지 않으며, 단모성 편모를 가짐

- 최적 발육온도 35~37℃, pH 7.5~8.0
- 열에 약하여 60℃, 5분 사멸
- 잠복기는 6~24시간으로 알려져 있으며, 평균잠복기는 12시간 수준임
- 복통, 설사, 구토, 미열 등의 급성 위장염 증상

원인식품 및 감염원

- 하절기(6~9월) 해산어류 및 갑각류의 생식
- 오염된 어패류로 조리된 생선회, 초밥, 어패류 가공품
- 조리자 및 조리도구로부터 2차 오염된 어패류 등

예방법

- 하절기의 어패류 생식 주의
- 어패류 섭취 시 충분히 가열하여 섭취하고, 보관 시 냉장 또는 냉동 기준 준수
- 어패류를 담수에 씻고, 조리용 도구는 원료별로 구분하여 사용함

④ 리스테리아(*Listeria*) 식중독

원인균 : *Listeria monocytogenes*

특징

- 그람 양성 통성 혐기성 간균으로 포자를 형성하지 않음
  - 주모성 편모를 가지며, 인수공통 병원균으로 특히 임산부에게 치명적인 세균임
- 저온(5℃) 및 염분이 높은 조건에서도 증식이 가능하여, 제어가 어려움
  → 병원성 대장균과 더불어 HACCP 시스템에서 가장 위험한 세균으로 분류됨
- 최적 발육온도는 약 30~35℃로 알려져 있음

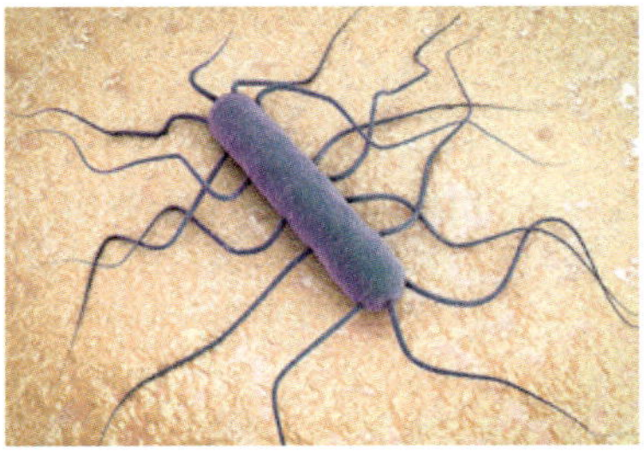

그림 3-4 *Listeria monocytogenes*

- 보통 1~3일 정도의 잠복기를 나타내며, 메스꺼움, 발열, 한기 등의 감기 유사 증상을 보이나, 면역 취약군들에게는 패혈증이나 중추신경계 감염의 합병증(listeriosis)을 보이기도 함

원인식품 및 감염원

- 생우유, 유제품, 생고기, 채소류, 수산물 등

예방법

- 식품 저장 시 철저한 온도관리
- 우유 살균 철저 및 식품 섭취 전 충분한 가열 조리
  - HACCP 시스템 도입 및 적용

⑤ 캠필로박터(*Campylobacter*) 식중독

원인균 : *Campylobacter jejuni*, *Campylobacter coli*

특징

- 그람 음성 간균으로 포자를 형성하지 않으며, 나선형이나 S자형의 형태를 보임
  - 미호기성으로 3~6%의 산소 농도에서만 증식함
- 건조나 가열에 약해 60℃ 30분 가열로 사멸
- 발육온도 : 42~43℃(냉장온도에서 증식 억제), pH 6.5~7.5(pH 5 이하에서 사멸)
- 감염균량은 10^3 cfu/g 이하로 타 식중독균에 비해 미량으로도 식중독을 유발함
  - 잠복기는 2~7일(평균 2~3일) 정도이며 혈액형 설사, 복통, 발열, 구토, 권태감, 근육통 등을 유발함

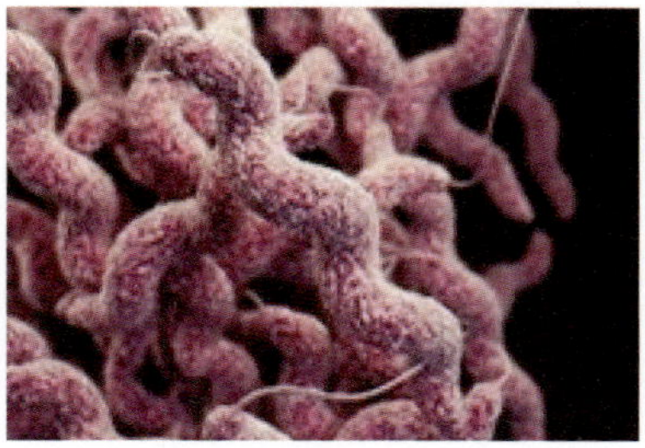

그림 3-5 *Campylobacter jejuni*

원인식품 및 감염원

- 식육, 닭고기, 우유 등에 주로 생육

예방법

- 식육, 닭고기 등의 보관 철저(타 식품으로의 교차오염 방지)
- 육류 섭취 시 충분한 조리 실시

⑥ 여시니아(*Yersinia*) 식중독

원인균 : *Yersinia enterocolitica*

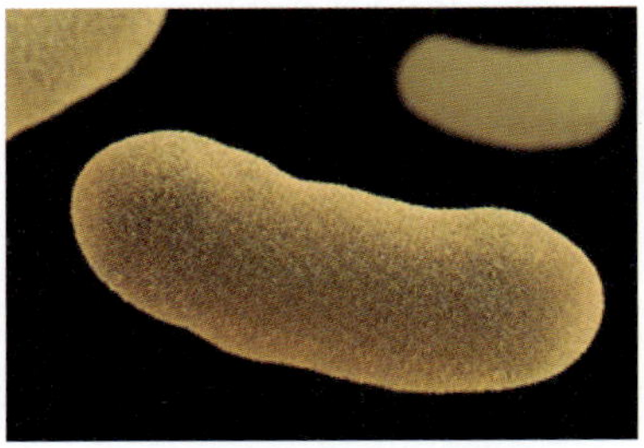

그림 3-6 *Yersinia enterocolitica*

특징

- 그람 음성 간균으로 포자를 형성하지 않음
  - 통성 혐기성이며, 냉장 및 특히 진공 상태에서도 증식이 가능한 것으로 알려짐
- 저온세균으로 4℃에서도 잘 증식함
- 최적 발육온도 : 25~30℃
- 대개 1~7일 정도(평균 2~5일)의 잠복기를 보이고, 발열, 복통, 설사 등의 급성위장염 증세를 보이며, 리스테리아 식중독과 유사하게 결절성 홍반, 맹장염 유사 증상, 패혈증, 관절염, 수막염과 같은 합병증을 유발하기도 함

원인식품 및 감염원

- 보균동물에 의해 오염된 식품, 물, 우유 등
- 식육 및 냉동식품 등

예방법

- 식육(특히 돼지고기) 및 취급자의 위생관리 철저
- 장기간 보관 금지(냉장온도인 4℃에서도 증식 가능)
- 충분히 가열하여 섭취

⑦ 시겔라(*Shigella*) 식중독

원인균 : *Shigella sonnei*

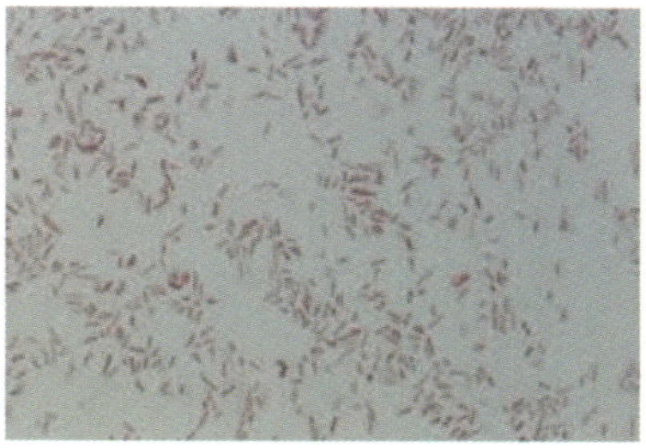

그림 3-7 *Shigella sonnei*

특징

- 그람 음성 간균으로 포자를 형성하지 않음
  - 통성 혐기성이며, 사람과 온혈동물의 장관과 변에서 발견됨
- 사람에게 이질을 일으키는 균으로 알려져 있음
- 대개 1~7일 정도의 잠복기를 보이며, 발열, 복통, 설사, 탈수를 유발함
  - 미국에서 발생하는 식중독의 10%가 이 균으로부터 발생한다고 보고됨

원인식품 및 감염원

- 조리된 샐러드, 우유와 유제품, 가금류, 채소류 등
- 분변에 오염된 물과 식품의 취급 과정에서 전파됨

예방법

- 작업자의 개인위생 철저
- 충분히 가열하여 섭취

(2) 독소형 식중독

식품에서 균이 증식할 때 외부로 배출한 독소 단백질에 의해 발생하는 식중독을 말한다.

① 포도상구균 식중독

원인균 : *Staphylococcus aureus*(황색포도상구균)

특징

- 그람 양성 구균으로 포자를 생성하지 않음
- 통성 혐기성으로 편모 없음

- 사람의 피부, 점막 등의 상처에 침입해 염증을 일으키는 대표적인 화농균
- 내염성균으로 15% 염분에서도 생육이 가능함
- 균 자체는 80℃에서 10분만에 사멸하나, 생성된 장독소enterotoxin는 열에 매우 강하여120℃에서 20분간 가열해도 파괴되지 않음(섭취 전 가열에 의한 예방효과 없음)

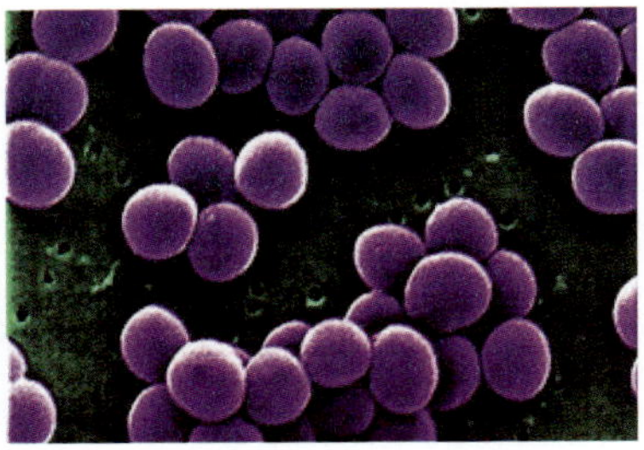

그림 3-8 *Staphylococcus aureus*

- 잠복기는 1~6시간(평균 3시간)으로 세균성 식중독 중 가장 짧음
- 발열은 거의 없고, 메스꺼움, 복부 경련, 두통 등의 증상을 보임

원인식품 및 감염원

- 인스턴트 가공육, 조리된 고기, 채소류, 가금류, 햄과 같은 고염식품 등
- 작업자의 손을 통해 가장 많이 감염됨

예방법

- 화농성 질환 등 피부질환이 있거나 손에 상처가 있는 작업자의 조리 금지
- 고염식품 및 가열식품의 철저한 관리
- 식재료의 저온 보관 철저(10℃ 이하에서는 독소 생성 불가)

② 보툴리눔(*Botulinus*) 식중독

원인균 : *Clostridium botulinum*

특징

- 그람 양성의 간균으로 내열성 포자 형성
- 편성 혐기성균으로 주모성 편모를 가지고 있음
- 혈청학적으로 A~G의 7형으로 분류되는데 이 중 A, B, E, F형이 식중독을 일으킴
- 치사율은 높으나 열에는 약한 신경계 독소neuro-

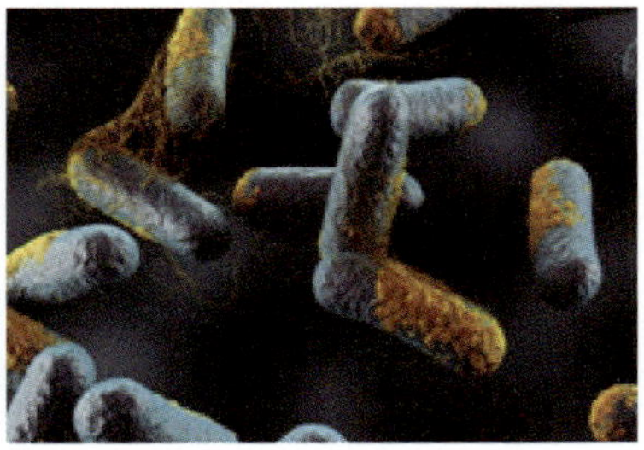

그림 3-9 *Clostridium botulinum*

toxin를 생산함

- 살균이 완전히 되지 않은 통조림에서 자주 발생하여 통조림 식중독이라고도 함
- 대개 12~36시간 정도의 잠복기를 보이며, 두통 등 신경계 증상과 메스꺼움, 구토, 설사, 동공 확대 등의 증상을 보임
- 발열은 거의 없으나, 심한 경우 호흡 곤란으로 사망에 이르기도 함

원인식품 및 감염원

- 가열이 불충분한 병조림·통조림, 햄, 소시지 등의 식육제품 등

예방법

- 통조림 제조 시 멸균 처리 실시
- 통조림식품 섭취 시 재가열(80℃, 30분 → 신경계 독소 사멸 조건)

(3) 중간형 식중독

감염형 식중독의 특징과 독소형 식중독의 특징을 모두 가지고 있는 식중독을 말한다.

① 바실러스 세레우스(*Bacillus cereus*) 식중독

원인균 : *Bacillus cereus*

특징

- 그람 양성 간균으로 내열성 포자 형성
- 주모성 편모를 가지며, 통성 혐기성 균
- 자연계에 널리 분포하는 대표적 세균으로 단백질 및 전분 분해력이 강함
- 세균이 생산하는 독소에 따라 구토형과 설사형으로 나뉨

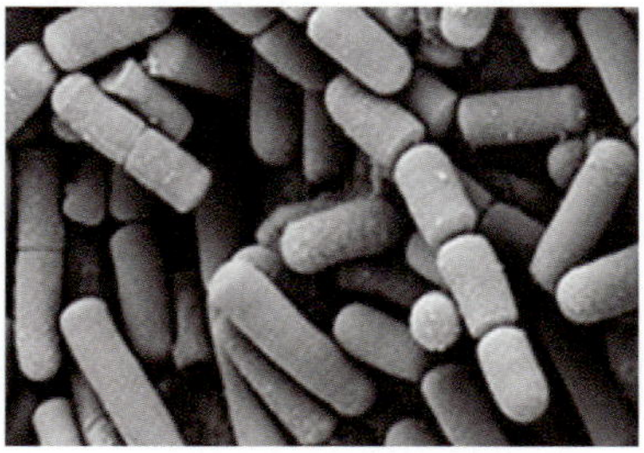

그림 3-10 *Bacillus cereus*

- 구토형 식중독 : 잠복기 1~6시간(평균 3시간), 구토, 설사, 복부 경련
- 설사형 식중독 : 잠복기 8~16시간(평균 12시간), 주로 복통을 동반한 설사

원인식품

- 구토형 : 쌀, 전분식품, 곡류 등(전분성 식품)
- 설사형 : 육류, 우유, 채소 등

예방법

- 냉장 및 냉동 관리 철저
- 섭취 전 재가열
- 청결 유지와 위생적 조리 등

② 클로스트리듐 퍼프린젠스(*Clostridium perfringens*) 식중독

원인균 : *Clostridium perfringens*

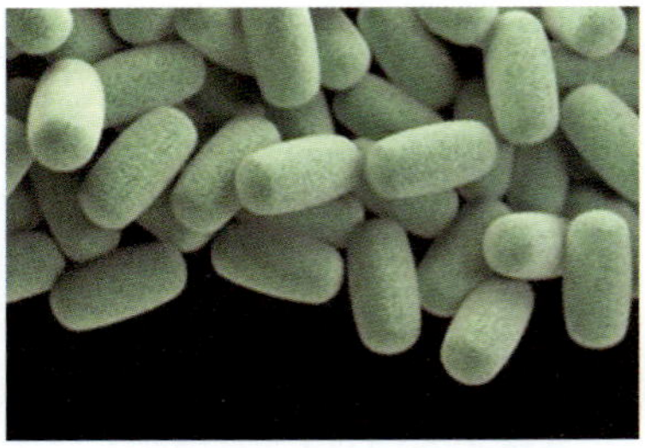

그림 3-11 *Clostridium perfringens*

특징

- 그람 양성 간균으로 내열성 포자 생성
- 편모는 없으며, 편성 혐기성균으로 장독소enterotoxin 생성
- 독소 종류에 따라 A~F형으로 분류되는데 이 중 A형이 대표적인 식중독을 유발함
- 최적 발육온도 : 43~47℃(생육온도 15~50℃)
- 최적 pH : 7.2(pH 4 이하에서는 생육 못함)
- 대개 8~20시간(평균12시간)의 잠복기를 보이며, 복통이 동반된 설사 증세를 유발함

원인식품

- 육류와 그 가공품, 향신료 등
- 가열 조리된 후 실온에서 5시간 방치된 식품에서 많이 발생하며, 다량 조리식품에 의한 집단 식중독 주요 원인균으로 알려져 있음

예방법

- 가열 조리 후 신속한 섭취

• 가열 조리 후 신속한 냉각 및 섭취 전 재가열
• 다량 조리 후 가능하면 작은 용기에 소분하여 냉장 보관

(4) 기타 세균성 식중독

① Allergy성 식중독

원인균 : *Morganella morganii*

특징

• 어육 등에 번식해 히스티딘 탈탄산효소를 생성하여, 이 효소는 'histidine'이 'histamine'을 생성하는 작용을 촉매하여, 이 물질로 인해 allergy성 식중독을 유발함
• 식품 중 histamine의 농도가 100 mg/100 g 이상일 경우 식중독을 유발할 위험성이 높음
• 잠복기는 수분에서 1시간 이내로 매우 짧으며, 두드러기, 발열 등 일반적인 allergy 증상과 유사함

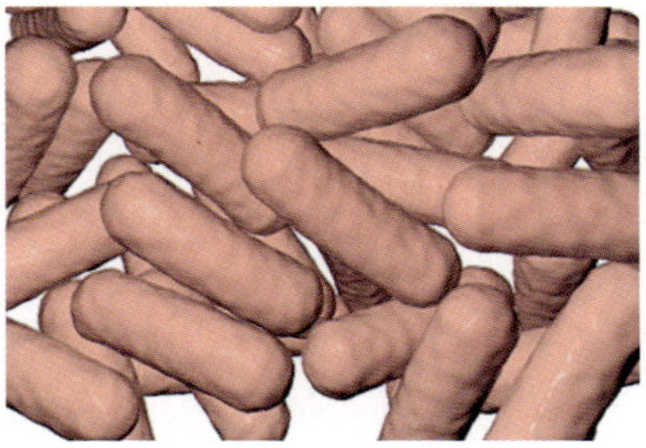
그림 3-12 *Morganella morganii*

원인식품

• 등푸른생선류 및 그 가공품류

예방법

• 어류의 충분한 세척
• 섭취 전 가열 및 냉동 보관

② 크로노박터 사카자키(*Cronobacter sakazakii*) 식중독

원인균 : *Cronobacter sakazakii*, *Cronobacter malonaticus*

특징

• 포도당으로부터 산과 노란 색소를 생성함

- 생후 1개월 미만의 영아에 매우 치명적인 균으로 국내에서도 조제분유 등 영유아 대상 식품에서 크게 문제가 되었던 식중독균임
- 조산아, 저체중아, 면역 결핍 신생아에게 수막염 등을 일으킴

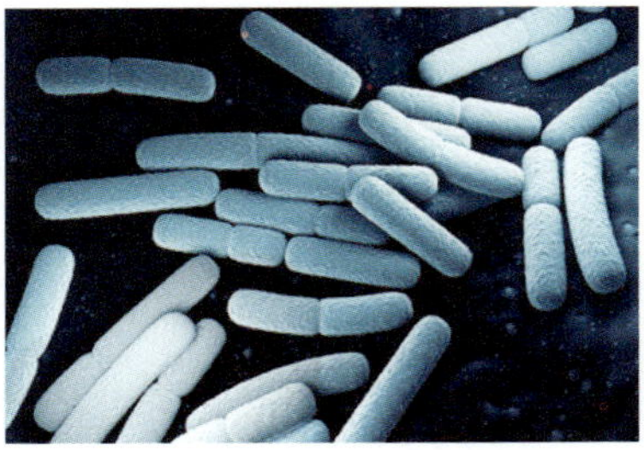

그림 3-13 *Cronobacter sakazakii*

원인식품

- 조제분유 등 영유아 대상 식품

예방법

- 분유 제조 시 70℃ 이상의 수온 유지
- 수유기구의 철저한 소독 및 오래 방치된 분유의 재수유 금지
- 제조업체의 철저한 원료 및 공정 관리

2. 바이러스성 식중독

바이러스virus는 세균보다 크기가 매우 작은 미생물로서, 반드시 숙주를 필요로 한다.

식품을 숙주로 활용하지는 않으나, 바이러스는 세균에 비해 훨씬 적은 개체수로 식중독을 일으킬 수 있다.

식품의 국제적 유통과 소비로 인하여 바이러스성 식중독은 발생률이 높아지고 있는 식중독이며, 검사기법이 발전하면서 그 원인이 밝혀지고 있다. 국내에서는 2002년 이후 노로바이러스에 의한 식중독 사례가 빈번하게 발생하고 있는 추세이다.

1) 노로바이러스 식중독

원인바이러스 : Norwalk virus

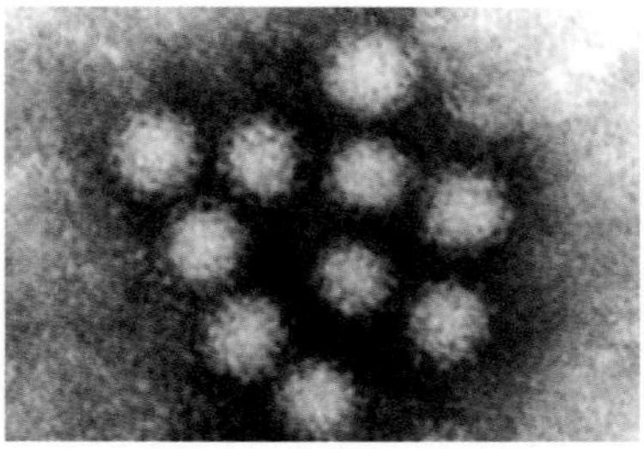

그림 3-14 Norwalk virus

특징

- 작은 크기의 둥근 모양으로 Caliciviridae에 속하는 바이러스
- 사람에 있어서는 장관 내에서만 증식할 수 있음
  - 10^2 이하의 개체수로 감염 가능
- 60℃ 이상의 가열, -20℃ 이하에서도 생존 가능하여, 특히 겨울철에 자주 발병함
- 주로 분변 및 경구 경로로 전파되기 때문에 식품매개 감염이 노로바이러스 발생의 주요 경로임
- 하수 오물에 오염된 물이 노로바이러스의 가장 일반적인 원인임
- 대개 24~48시간 정도의 잠복기를 보이며, 메스꺼움, 구토, 설사, 위경련 등의 증상을 보임. 증세는 대부분 경미하고 보통 1~3일이 지나면 자연적으로 회복됨

원인식품

- 굴 등의 조개류, 샐러드 등 신선식품 등

예방법

- 개인위생관리 철저(아직 치료제가 없음)
- 과일과 채소는 흐르는 물에서 깨끗이 세척하여 섭취
- 오염지역에서 채취한 어패류 등은 충분히 가열 후 섭취
- 용수관리 철저

2) 로타바이러스 식중독

원인바이러스 : rotavirus

특징

- 수레바퀴 모양의 바이러스임
- 분변이나 음식물, 호흡기를 통해서도 감염 전파됨
- A~H형까지 분류되며, 사람에게는 A~C형의 로타바이러스 식중독이 발생됨(특히 A형 식중독이 대부분)
- 주로 겨울철 및 초봄 시기에 특히 어린이에게 식중독을 일으킴
- 구토, 발열 및 설사 등을 유발함

원인식품

- 채소 및 수산물, 가공식품 및 오염된 식수 등

예방법

- 손씻기 등 개인위생관리 철저(예방 백신은 있으나, 치료제는 없음)
- 조리도구 및 용수의 위생관리 철저
- 어패류 등은 충분히 가열 후 섭취

CHAPTER 4

자연독 식중독

1. 식물성 자연독 식중독 / 2. 동물성 자연독 식중독 / 3. 곰팡이독 식중독

자연독 식중독은 생명체에 의한 자연발생적 독소성분을 사람이 잘못 섭취한 경우에 발생하는 식중독으로 그 원인물질은 모두 화학물질이다. 생물 객체별로 유사하거나 때론 전혀 다른 독성물질을 가지고 있는 특이성을 보인다. 큰 범주에서는 화학적 식중독으로 분류할 수도 있지만, 인위적으로 생산한 물질이 아니므로 5장에서 기술하는 화학적 식중독과는 구분될 수 있다. 자연독에 의한 식중독은 원인물질을 생성하는 생물에 의하여 식물성 자연독 식중독, 동물성 자연독 식중독, 곰팡이독 식중독으로 구별한다. 이들 자연독 식중독은 세균성 식중독에 비해 발생건수는 현저히 적으나, 사망자수의 비율은 훨씬 높은 특징을 보인다.

1. 식물성 자연독 식중독

식물성 자연독에 의한 식중독은 식용 가능한 식물로 오인하여 섭취한 경우나, 유독 부위를 제거하지 않은 상태로 섭취할 때, 그리고 식물별 독소성분을 생성하는 시기 등에 대한 무지로 섭취하는 경우가 대부분이다. 식물성 독소의 종류는 너무 많고 아직도 연구되고 있는 바, 현재까지 알려진 대표적인 성분에 대해서 요약하여 기술하고자 한다.

1) 독버섯

우리나라에서 발생하는 식물성 자연독 식중독을 유발하는 대표적인 것이 바로 독버섯이다.

현재까지 식중독 성분을 함유하고 있는 버섯으로 확인된 버섯으로는 광대버섯, 알광대버섯, 무당버섯, 미치광이버섯 등이 있다 그림 4-1. 독버섯 식별법에 대하여 서술하고 있는 관련 서적도 많으나, 그 식별법이 절대적인 기준이라 할 수 없어 이 장에서는 생략하였다.

광대버섯 알광대버섯 화경버섯 무당버섯
외대버섯 미치광이버섯 웃음버섯 땀버섯
깔대기버섯 마귀버섯 끈적버섯

그림 4-1 대표적인 독버섯

(1) 독성분

지금까지 확인된 독버섯의 독성분은 무스카린이 대표적이며, 그 외에도 여러 물질이 있다. 대표적인 독버섯의 독성분은 표 4-1과 같다.

표 4-1 대표적 독버섯의 독성분

종류	독버섯	특성 및 중독 증상
무스카린(muscarine)	광대버섯, 땀버섯속, 깔대기버섯속 등	• 유독성 알칼로이드의 일종 • 부교감신경에 작용 - 발한, 눈물 및 침 흘림, 복통, 구토 등 - 시력 약화, 호흡 저하, 서맥 등

(계속)

종류	독버섯	특성 및 중독 증상
아마톡신(amatoxin)	알광대버섯, 독우산광대버섯, 흰알광대버섯, 밤색갓버섯 등	• 환상의 펩티드 구조를 가짐 • 맹독성 물질로 추정 최소치사량은 0.1 mg/kg 수준임 • 두통, 현기증, 호흡곤란, 간 및 신장 손상 • 심한 경우 2~4일 내 사망 등
팔린(phaline)	알광대버섯, 독우산광대버섯 등	• 용혈작용이 강한 맹독성의 배당체로 열에는 약함 • 콜레라 감염 증상과 유사하며, 경련 및 구토, 설사 등 유발
아가리스산(agaric acid)	말굽잔나비버섯 등	• 독성은 강하지 않으며, 설사, 구토 등의 위장염 수반
싸일로신(psilocin) 싸일로시빈(psilocybin)	환각버섯속, 미치광이버섯속 등	• 1950년대 말 원인물질 규명 • 환각물질로 기억력 감퇴 및 지각상실 유발 등
헬벨산(helvellic acid)	긴대안장버섯, 곰보버섯 등	• 용혈을 일으키며, 건조나 열에 약한 특징 지님
트리코테신(tricothecene)	붉은사슴뿔버섯 등	• 진균독 중 가장 강력한 독성분으로 다발성 장기부전 일으킴 • 내열성이나 강알칼리에는 약함

(2) 국내 주요 독버섯 중독 증상

(출처: 독버섯 식중독 예방을 위한 분포도 조사연구, 식품의약품안전처, 2013)

① 무스카린(muscarine) 증후군

잠복기는 2시간 이내로 짧으며, 발한, 타액 및 눈물 분비 등의 증상을 나타내고, 이름과는 달리 광대버섯과는 관계가 없다. 원인버섯으로는 땀버섯속과 깔때기버섯속에 속하는 버섯들이 해당하며, 치료제로는 길항제인 아트로핀atropine이 사용된다.

② 아마톡신 증후군

독버섯에 의한 중독증상의 대부분은 아마톡신amatoxins에 의해 발생한다. 잠복기는 8~12시간으로 증상은 1, 2차로 나뉜다. 1차 시기에는 심한 구토와 복통, 설사를 동반한 위장관기이며, 하루 정도의 무증상기가 이어진다. 2차 시기에는 간 손상이 일어나 극심한 피로감, 허탈, 황달을 보인다. 아마톡신 자체가 신체 장기세포에 독성 있어 다발성 장기부전으로 사망하는 예가 많다. 알광대버섯 등이 대표적 원인버섯이며, 섭취 시 구토 및 위 세척을 실시한 후, 상황에 따라 페니실린이나 실리빈 주사요법 등을 실시한다.

③ 싸일로시빈(psilocybin, psilocin) 증후군

잠복기는 2시간 이내로 짧은 편이고, 섬망, 환간, 환시, 환청 등의 증상을 보인다. 원인버섯으로는 환각버섯속과 말똥버섯속, 미치광이버섯속 등이 있다. 대부분 수시간 후 증상이 사라지므로 특별한 치료는 하지 않는다.

④ MMH 증후군

잠복기는 6시간 정도이며, 대부분 두통, 구토 등의 가벼운 증상을 유발한다. 그러나 심하게 중독된 경우 아마톡신 증후군과 유사하게 간-신장 증상기가 나타나며, 다른 점으로는 큰 소리를 지르거나 경련을 일으키는 중추신경계 증상 등을 보인다. 원인버섯으로는 마귀곰보버섯, 투구버섯 등이 알려져 있고, 중독 시 위장관을 비우고 활성탄을 투여하는 방식으로 치료를 한다. 심한 중독 시에는 신장 손상을 막기 위해 이뇨제 및 혈액 투석을 실시하기도 한다.

⑤ 오렐라닌(orellanine) 증후군

잠복기는 다른 증후군에 비하여 긴 편으로, 보통 3일이며 최대 15일 이후에 증상이 나타나기도 한다. 초기에는 위장관 증상이 수반되나, 주된 증상으로는 다뇨, 갈증, 급성 신부전 등을 보인다. 원인버섯으로 끈적버섯속에 속하는 버섯들이 해당되며, 중독 시 신장기능 회복 및 유지를 위한 치료를 진행하여야 한다.

⑥ 뮤시몰(mucimo) 증후군, 이보텐산(ibotenic acid) 증후군

잠복기는 보통 2시간 이내로 짧은 편이고, 술에 취한 것과 같은 정신신경학적인 증상을 보인다. 원인버섯으로는 광대버섯, 마귀광대버섯, 파리버섯 등이며, 중독 시 대중적 치료를 하며, 디아제팜diazepam이나 페노바비탈phenobarbital 같은 안정제의 사용은 금해야 한다.

⑦ 코프린 증후군

알코올alcohol 섭취 시에만 증상이 나타나며, 코프린coprine은 아세트알데하이드acetaldehyde가 더 이상 분해되지 못하고 체내에 과도하게 축적되도록 하는 역할을 한다. 적은 양의 알코올 섭취에도 심한 안면 홍조나 두통을 느끼게 하여 만취한 것으로 느껴진다. 원인버섯은 두엄먹물버섯, 갈색먹물버섯, 배불뚝이깔때기버섯이며, 과량 섭취 시 구토를 통하여 위장관의 버섯 잔재물을 제거해야 한다. 대부분의 경우 알코올에 노출되지 않았을 경우에는 일주일 이상의 금주로 치료가 가능하다.

2) 감자

(1) 솔라닌solanine

- 감자의 발아 부위와 일광에 노출되어 생기는 녹색 부위에 함유되어 있는 독소
- 솔라니딘solanidine이라는 알칼로이드와 당이 결합된 알칼로이드 배당체(글리코알카로이드 독의 일종)
- 생체 내에서 콜린에스터레이스cholinesterase의 작용을 억제하고, 용혈작용 및 중추신경 마비를 초래함
- 복통, 설사, 구토, 현기증, 졸음, 의식장애 등 증세를 보임
- 가열 조리로 제거되지 않으므로 섭취 및 조리 전 발아 부위나 녹변 부위를 제거해야 함

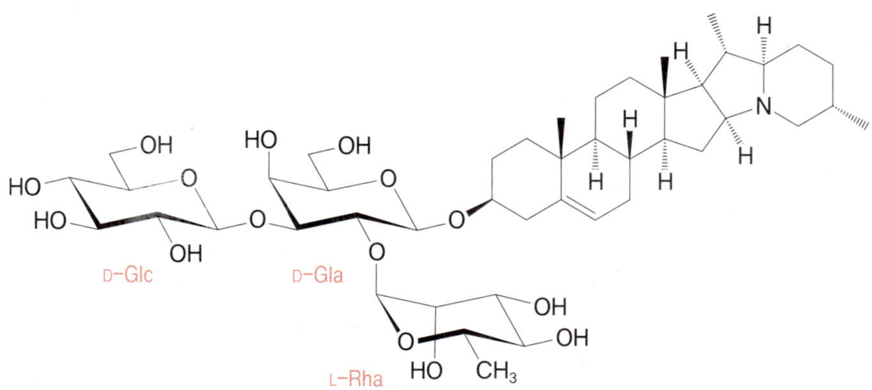

그림 4-2 솔라닌의 구조

(2) 셉신sepsine

부패한 감자의 독성물질로 알려져 있다.

3) 청산cyan배당체

알데하이드나 케톤의 시안히드린이 당과 결합되어 있는 화합물을 총칭하며, 가수분해되면 유해한 청산이 유리되며 매실, 은행, 살구 따위의 씨에 많이 들어 있다. 아미그달린이 대표적 물질이다.

(1) 종류

- amygdalin : 청매, 살구씨, 복숭아씨 등
- phaseolunatin(linamarin) : 미안마콩(오색콩), 카바사 등
- dhurrin : 수수

(2) 중독 증상

- 분해 시 청산HCN 생성되어 중독 증상 유발
- 두통, 구토, 설사, 복통 등의 소화기계 증상
- 심하면 호흡중추 마비로 사망

청매 오색콩 수수

그림 4-3 청산배당체 함유 식물

4) 기타 식물성 자연독 유발 식물 및 독성 물질

① 면실(목화씨) : gossypol

- 면실유 제조 시 정제가 불충분할 경우 중독증 발생
- 식욕 감퇴, 체중 감소, 부종, 심부전 등 유발

② 독미나리 : cicutoxin(땅속줄기에 존재)

- 복통, 구토, 현기증 등 유발, 심할 경우 혼수상태 및 호흡 마비로 사망할 수 있음

③ 피마자 : 유독성 단백질 ricin, 유독 알칼로이드 ricinine, 그 외 allergen 물질 함유

- 복통, 구토, 설사 및 allergy 유발

④ 독보리 : temuline(유독 알칼로이드 물질)

- 소화기장애, 구토, 두통 등을 유발하며, 중증일 경우 허탈, 혼수, 사망에 이르기도 함

⑤ 그 외 고사리의 ptaquiloside, 콩류의 트립신 억제물질trypsin inhibitor, 미치광이풀의 hyoscyamine 등이 알려져 있다.

식물성 독성물질은 그 화학적 구조와 식물 내의 존재방식에 따라 배당체, 알칼로이드, 페놀성 화합물 등으로 분류된다 표 4-2.

표 4-2 식물성 독성물질 화학적 구조적 분류

구분	해당 물질
배당체	solanine, ptaquiloside, cycasin
청산배당체	amygdalin, phaseolunatin(linamarin), dhurrin
알칼로이드	ricinine, temuline, hyoscyamine, aconitine
페놀성 화합물	gossypol
지방족 불포화 고급알코올	cicutoxin
단백질	ricin, trypsin inhibitor

2. 동물성 자연독 식중독

동물은 식물에 비하여 생육 중 이동범위가 넓고, 먹이와 환경에 따라 독성물질을 체내 특정 부위에 축적하는 경우가 발생한다. 이를 모르고 섭취하는 경우에 동물성 자연독에 의한 식중독이 발생한다.

1) 복어

① 독성분 : 테트로도톡신tetrodotoxin

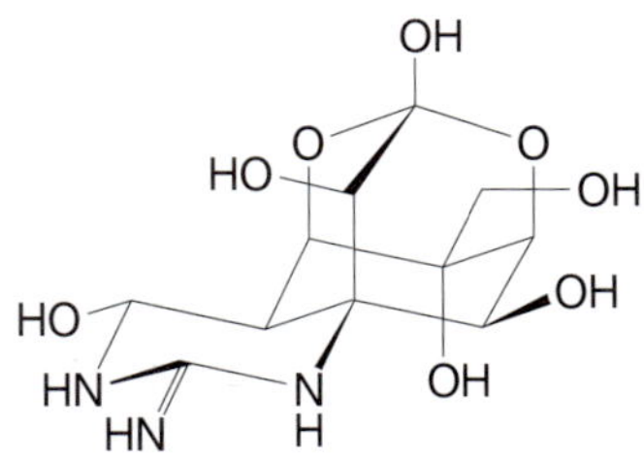

그림 4-4 테트로도톡신의 구조

② 독소 특징

- 독성은 종류별, 지역별, 계절별, 부위별 등에 따라 차이가 크며, 무독한 복어로 알려진 종은 밀복, 꺼글복, 가시복, 불울복 등이 있음
- 일반적으로 자연산 복어만에 독소가 존재한다고 알려져 있음
- 알, 생식선(고환 및 난소), 간, 내장, 근육 순으로 독소성분이 많이 포함되어 있음
- 약염기성 물질로 무색, 무미, 무취이며, 물이나 유기용매에는 녹기 어려움
- 열에 안정하며, 강산 및 알칼리에 쉽게 분해됨(4% NaOH 용액)

③ 중독 증상

- 신경계 마비 및 청색증cyanosis을 보임
- 지각이상, 운동 및 호흡 장애, 혈류 장애 및 운동 마비, 호흡 정지, 사망의 순서로 증세를 보임
- 치사율 : 40~80%

④ 예방법

- 독성분이 많은 부위를 제거하고 섭취하며 가급적 산란기에는 식용을 금지함

2) 시구아테라ciguatera 중독

① 열대나 아열대의 산어초 주변에서 서식하는 독어를 섭취하여 일어나는 식중독의 총칭으로, 지구 온난화로 인하여 국내에서도 이와 관련된 어종이 종종 잡히기도 함

② 독성분 : ciguatoxin, ciguaterin, scarittoxin 등으로, 이들 물질은 생체에서 콜린에스터레이스cholinesterase 저해제로 작용함

③ 중독 증상 : 설사, 구토, 복통, 근육통, 관절통, 혈압 저하, 운동실조 등의 다양한 증상과 드라이아이스 센세이션을 일으킴

> **드라이아이스 센세이션**
> 뜨거운 것에 닿으면 차갑게 느껴지고, 찬 것에 닿으면 드라이아이스에 접촉하는 감각이나 전기가 흐르는 것과 같은 감각을 갖게 되는 현상

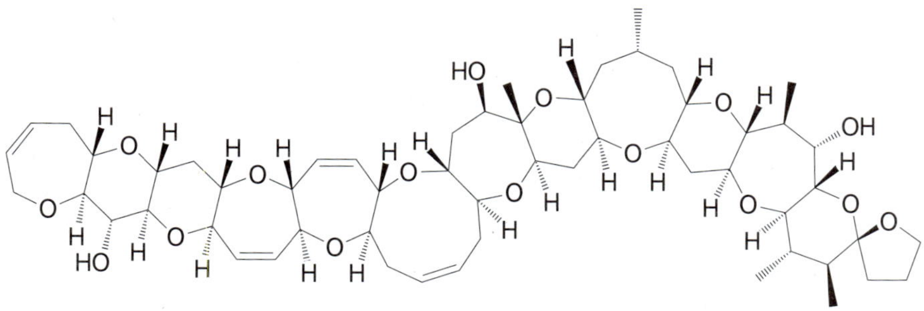

그림 4-5 시구아톡신의 구조

3) 조개류 식중독

조개의 주먹이인 플랑크톤 중 일부가 만든 독소가 조개에 축적되어 이를 섭취한 사람에게 보이는 식중독으로 베네루핀 중독, 마비성 중독, 설사성 중독으로 구분한다.

섭조개 대합조개 홍합 가리비

그림 4-6 대표적인 조개류

(1) 베네루핀venerupin(간장독 성분) 중독

① 원인 패류 : 모시조개, 바지락, 굴 등(조개의 중장선에 존재하며 주로 3~4월에 발생)

② 독성분 : venerupin

③ 열에는 안정하나 알칼리 조건에서는 가열하면 파괴됨

④ 중독 증상 : 권태감, 구토, 두통, 변비, 미열을 수반하고 점막 및 피하 출혈, 황달 증세 등

⑤ 치사율 : 44~45%

(2) 마비성 조개류 중독

① 원인 패류 : 대합조개, 섭조개, 홍합, 가리비 등

② 독성분 : saxitoxin

③ 중독 증상 : 얼굴 및 목 등에 마비현상을 보이며, 두통과 메스꺼움도 동반함

④ 치사율 : 10~15%

(3) 설사성 조개류 중독

① 원인 패류 : 섭조개, 가리비, 민들조개 등

② 독성분 : okadaic acid, dinophysistoxin류, 펙테노톡신류pectenotoxin 등

③ 중독 증상 : 주로 설사 증세

(4) 고동, 수랑 등 권패류 중독

고동류에서 나타나는 테트라민tetramine 중독과 수랑 중독으로 구분된다.

① 원인 패류 : 소라고동, 조각매물고둥, 보라골뱅이 등의 타액선에 축적

② 독성분 : tetramine(고동류), neosurugatoxin 및 prosurugatoxin(수랑류)

③ 중독 증상

- 테트라민 중독 : 두통, 현기증, 멀미, 시각이상 등
- 수랑 중독 : 시력 감퇴, 동공 확대, 언어장애 등

3. 곰팡이독 식중독

1) 곰팡이독의 일반적 특징

(1) 정의

① 곰팡이류가 생산하는 2차 대사산물로서 사람이나 가축에게 급성 또는 만성의 장애를 유발하는 독성물질

② 곰팡이독 식중독은 곰팡이독이 오염된 식품을 섭취 후 발생하는 것이므로, 주로 경구 감염으로 일어나는 곰팡이독 중독증mycotoxicosis과는 구별된다.

(2) 특징

① 탄수화물이 풍부한 농산물이 주요 오염식품임

② 곰팡이 생육에 적합한 기후에서 주로 발생함

③ 온도 20~25℃, 상대습도 80% 이상, A_w 0.8 이상, 약산성, 호기성 조건에서 많이 생성됨

④ 대부분 저분자화합물이라 안정한 화학구조를 가지고 있어 열 처리로 파괴되지 않음

⑤ 일반적으로 급성보다는 만성질환의 원인이 됨

2) 아플라톡신aflatoxin

1960년 발생한 칠면조 새끼 집단 폐사의 원인 조사과정에서 발암성 등의 위험성이 밝혀진 물질로, 만성 간암을 일으키는 1급 발암물질로 알려져 있다. 동남아국가의 사망률 1위가 간암인데, 그 원인물질이 아플라톡신으로 알려져 있다. 국내에서도 2018년 10월부터 식물성 원료 및 모든 가공식품에 기준을 설정하여 관리를 강화하고 있다〔총 아플라톡신(B_1, B_2, G_1 및 G_2의 합) 15 μg/kg 이하, 단 B_1은 10.0 이하〕.

(1) 생산곰팡이

Aspergillus flavus, *Aspergillus parasiticus*(누룩곰팡이의 일종)

(2) 최적 생산조건

① 수분 : 16% 이상

② 습도 : 80~85% 이상

③ 온도 : 25~30℃

④ 기질 : 탄수화물이 풍부하게 함유된 농산물(쌀, 보리, 옥수수 등)과 땅콩, 장류, 우유 등

(3) 종류

$B_1 > M_1 > G_1 > M_2 > B_2 > G_2$ (특히 B_1이 발암성이 제일 높음)

(4) 특징

① 열에 안정해 280℃ 이상 가열해야만 분해됨

② 강산·강알칼리 조건에서는 쉽게 분해되고, 자외선 및 방사선에는 불안정한 특징을 보임

③ 물에 녹지 않으며, 유기용매에는 녹음

④ 강알칼리나 산화제, 암모니아 가스로 분해하여 해독함

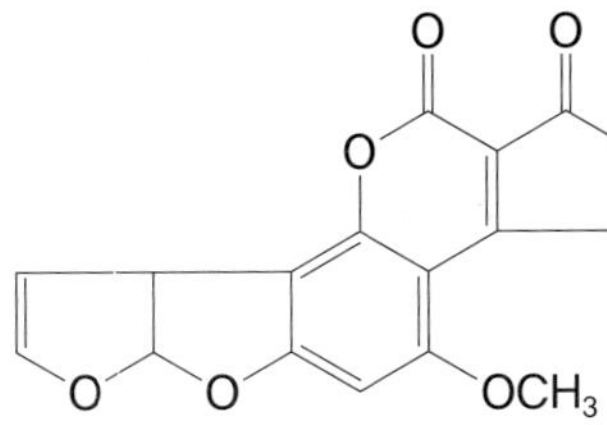

aflatoxin B1

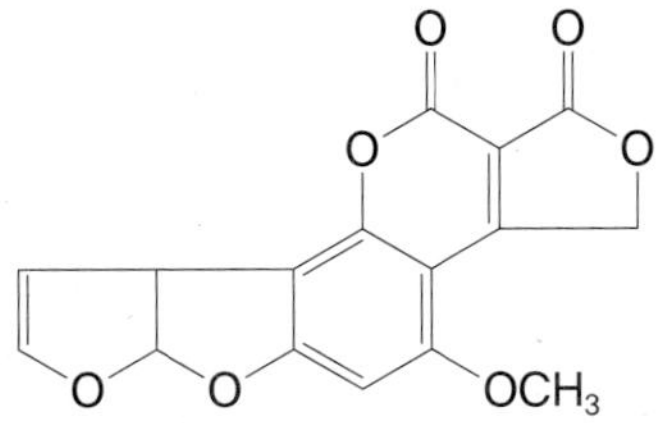

aflatoxin G1

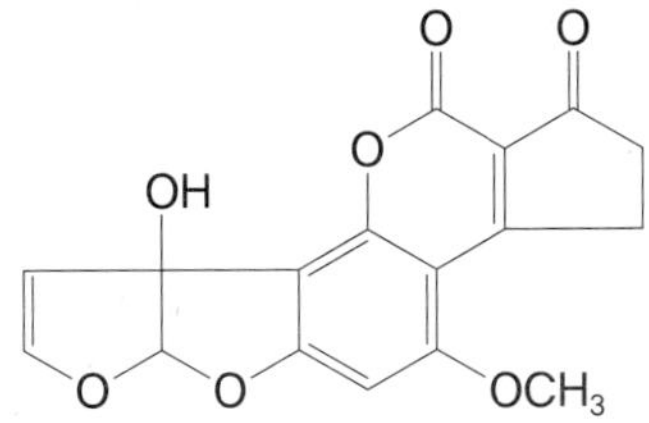

aflatoxin M1

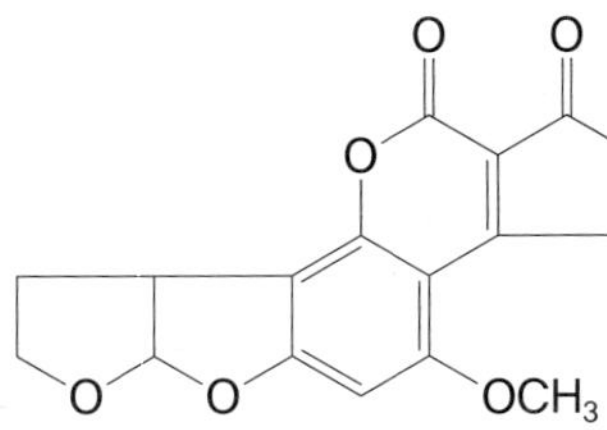

aflatoxin B2

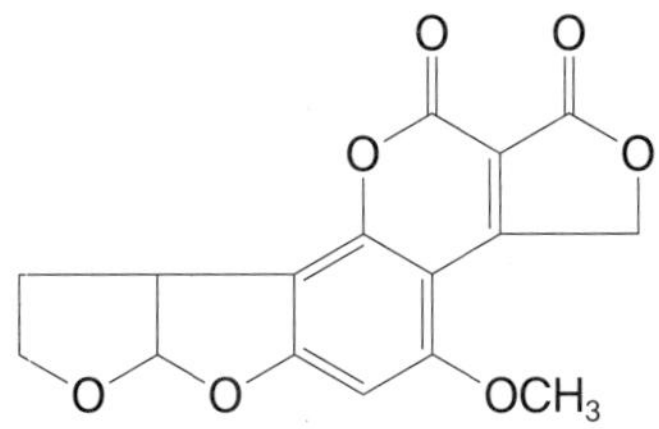

aflatoxin G2

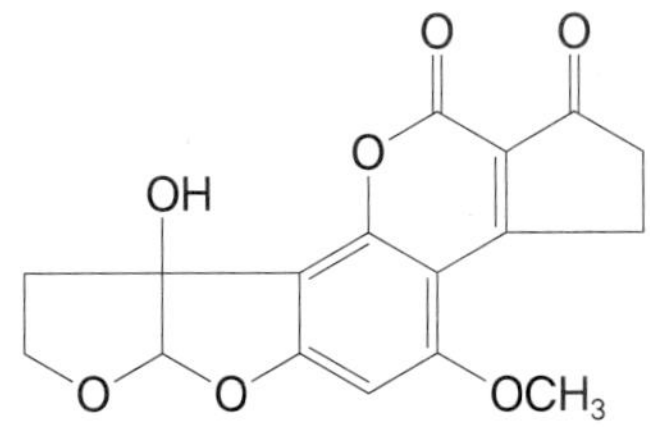

aflatoxin M2

그림 4-7 aflatoxin의 화학구조

3) 오크라톡신ochratoxin

국내에서는 커피류에서 검출되어 기준이 설정된 곰팡이독소로서, 그 외 포도주스 등에서 매우 엄격하게 관리하고 있는 물질이다.

① 독소 : ochratoxin

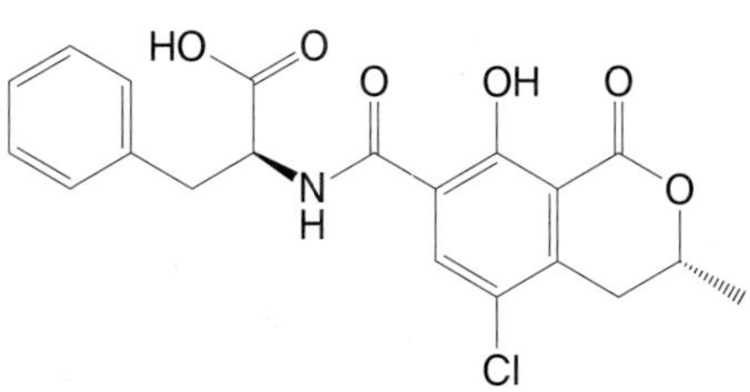

ochratoxin A

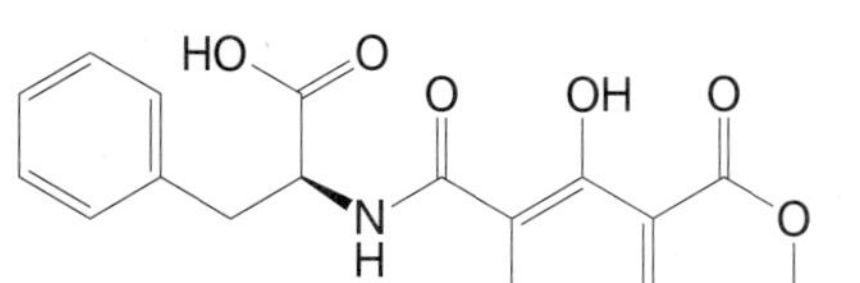

ochratoxin B

그림 4-8 ochratoxin의 화학구조

② 생산곰팡이 : *Aspergillus ochraceus*(누룩곰팡이의 일종)

③ 종류 : 오크라톡신 A, B, C 중 A의 독성이 가장 강함(B, C는 A의 약 1/1,000 수준)

④ 주로 쌀, 보리, 밀, 콩, 커피류 등에서 검출

⑤ 간장 및 신장 장애물질로 국제암연구소에서 인체발암가능물질(Group 2B)로 분류됨

4) 황변미독

수분이 14~15% 이상 함유된 쌀에 *Penicillium*(푸른곰팡이)속 곰팡이가 번식하여 적홍색 또는 황색의 색소를 착색시키 황변미라 부른다. 황변미를 만드는 푸른곰팡이 종류에 따라 대략 3가지 정도로 분류된다.

(1) 아일란디아islandia 황변미

① 독소 : luteoskyrin(장시간 후에 독작용을 나타내는 지용성 황색소), islanditoxin 및 cyclochlorotin(섭취 후 단시간 내에 독작용을 보이는 간장독)

② 생산곰팡이 : *Penicillium islandicum*

(2) 톡시카리움toxicarium 황변미

① 독소 : citreoviridin(신경독)

② 생산곰팡이 : *Penicillium citreoviride*

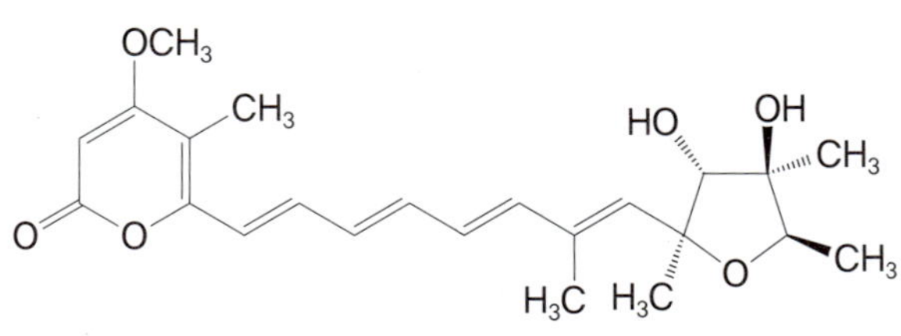

그림 4-9 citreoviridin의 화학구조

③ 현미에 많으며, 쌀알의 양단과 여러 부위에 황색반점을 형성한다.

④ 중추신경에 반응하여 마비를 일으키며, 혈액순환 장애, 호흡 마비로 인한 사망을 유발할 수 있다.

(3) 태국 황변미

① 독소 : citrinin(신장독)

② 생산곰팡이 : *Peniciilium citrinum*

③ 백미에서 주로 발생하며 쌀 전제가 담황색으로 변함

④ 신장독으로 신장 비대 및 세뇨관 장애를 일으키는 독소임

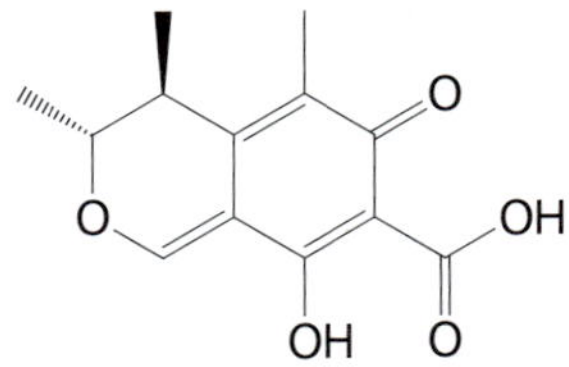

그림 4-10 citrinin의 화학구조

5) 파튤린patulin

국내에서는 사과주스 및 그 농축액에 대한 관리를 철저히 하는 곰팡이 독소로서(50 μg/kg 이하), 1952년 일본에서 118 마리의 젖소의 집단 발병으로 알려진 곰팡이 독소이다.

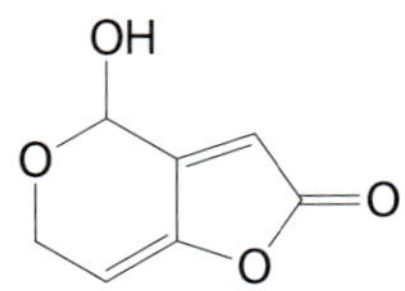

그림 4-11 patulin의 화학구조

① 독소 : patulin

② 생산곰팡이 : *Penicillium patulum*, *Penicillium expansum* (푸른곰팡이의 일종)

③ 쌀, 밀, 콩, 간장 등 여러 식품에서 발견되며, 특히 썩은 사과나 사과주스에서의 오염사례가 많이 보고되었음

④ 신경독으로 열에 안정하며, 급성 중독 증상으로 출혈성 폐부종, 간, 비장, 신장의 모세혈관 손상 등을 일으킨다.

6) 붉은곰팡이*Fusarium*속 곰팡이독

밀, 보리, 옥수수 등에 붉은곰팡이가 기생할 경우 주변 환경에 따라 독소를 생산하는데,

독소가 오염된 농산물이 식품 원료나 사료로 사용될 경우 식중독이 발생할 수 있다.

(1) 트리코테센trichothecene류 독소

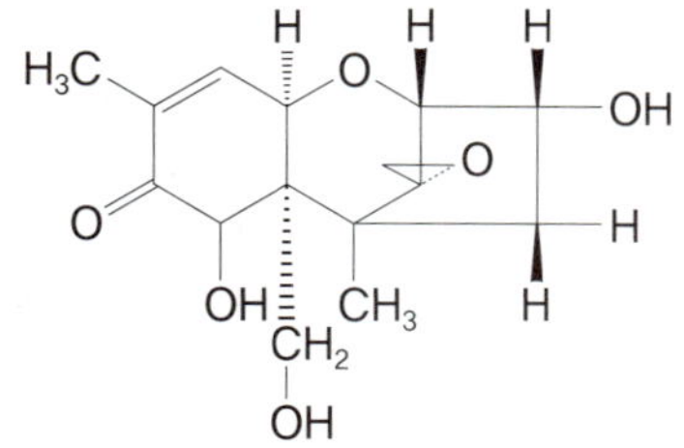

그림 4-12 deoxynivalenol의 화학구조

① 독소 : T-2 toxin, 데옥시니발레놀deoxynivalenol 등

② 생산 곰팡이 : *Fusarium tricinctum, Fusarium solani, Trichoderma lignorum*

③ 장 출혈, 간장 및 비장의 비대 등이 확인되었으며, 장의 점막상피, 흉선 등의 세포핵 붕괴 및 괴사를 일으키는 것으로 알려져 있으나, 발암성 유무는 명확하지 않다.

④ 국내에서는 곡류, 옥수수, 시리얼, 면류에서 데옥시니발레놀을 규제하고 있다.

(2) 제랄레논zearalenone

1928년 미국에서 이 독소에 오염된 사료를 먹은 돼지와 양의 어린 암컷에서 이상발정이 확인되어 보고된 독소이며, 국내에서는 곡류, 과자, 시리얼 등에서 규제하고 있다.

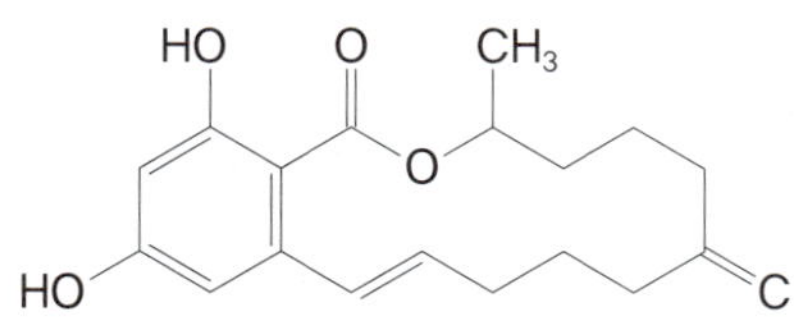

그림 4-13 zearalenone의 화학구조

① 독소 : zearalenone

② 생산 곰팡이 : *Fusarium graminearum*(붉은곰팡이의 일종)

③ 오염된 옥수수, 보리 등에서 검출되며, 발정증후군을 유도하며, 불임 및 유산 등의 생식장애를 일으키는 것으로 보고되고 있다.

(3) 푸모니신fumonisin

옥수수와 옥수수 가공제품(팝콘 등)에서 문제가 되는 독소성분으로, 국내에서 수 mg/kg 수준으로 관리하고 있다(B_1과 B_2의 합으로).

① 독소 : fumonisin

② 생산 곰팡이 : *Fusarium moniliforme*

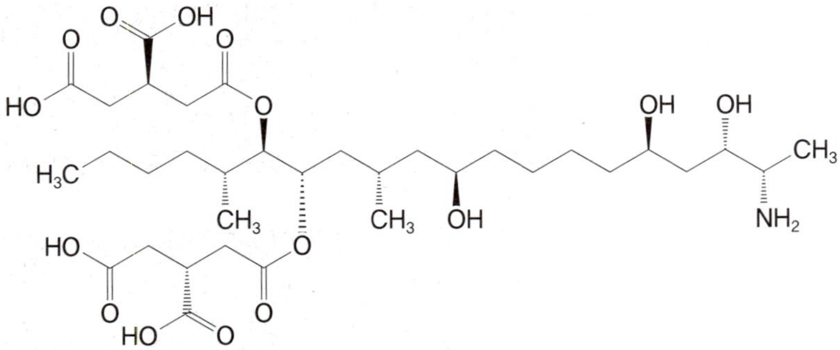

그림 4-14 푸모니신 B_1의 화학구조

③ 여러 이성질체 또는 동족체가 있으나, 특히 B_1이 오염빈도와 독성이 가장 높다.

④ 사람의 식도암과 높은 상관관계가 있는 것으로 알려져 있다.

7) 맥각독

맥류의 개화기에 맥각균이 맥류의 꽃 주변에 기생하여 자신들의 균사 덩어리인 맥각ergot을 형성한 것을 말하여, 맥각이 오염된 곡물 섭취 시 맥각중독을 일으킨다.

① 독소 : ergotoxine, ergotamine, ergometrine 등(모두 알칼로이드 계통의 물질임)

② 생산 곰팡이 : *Claviceps purpurea*

③ 증상

- 급성 중독 : 구토, 설사, 복통 등의 소화기계 장애, 두통, 무기력, 경련, 지각이상 등의 신경증상, 자궁 수축에 의한 유산을 일으킬 수 있음
- 만성 중독 : 경련형(장기간 노출 시 발생, 사지근육 위

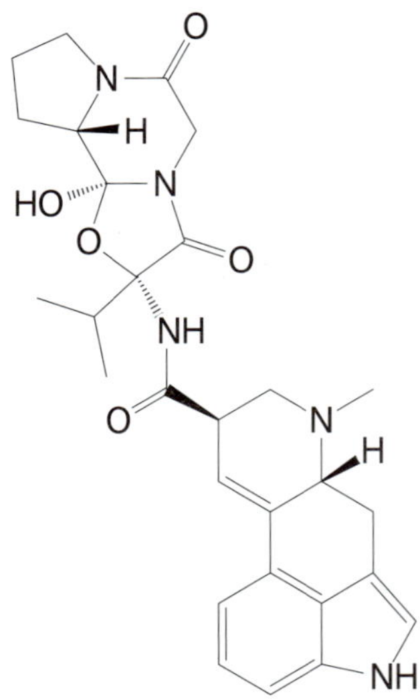

그림 4-15 ergotoxine의 구조

축, 경련 발작 등), 괴저형(대량 섭취 시 발생, 사지 등에 통증, 괴저)

④ 치사량 : 곡물 중 7% 이상

8) 그 외 곰팡이 독소

① 스포리데스민sporidesmin : A, B, C 세 종류로 광과민성 피부염 물질이다.

② 스테리그마토시스틴sterigmatocystin : 간장독으로 아플라톡신과 화학구조가 유사하며, 누룩곰팡이계 독소이고, 아플라톡신 B_1 발암성의 1/200 수준이다.

③ 말토리진maltoryzine : 누룩곰팡이계 독소에 속하며, 신경독 물질로 뇌와 중추신경계 장애를 유발한다.

CHAPTER 5

화학적 식중독

1. 잔류농약 / 2. 중금속 / 3. 식품 제조 및 조리 중 형성되는 유독 화학물질
4. 기구 · 용기 및 포장재에서 용출되는 물질 / 5. 유해성 식품첨가물 / 6. 환경오염물질에 의한 식중독

화학적 식중독은 유해한 화학물질에 오염된 식품을 섭취함으로써 발생하는 식중독을 총칭하며, 대개 인위적으로 제조한 화합물이거나 조리과정 중 생성되는 물질이 포함되어 있어 자연독 식중독과는 구분된다. 대표적 유해 화학물질로는 잔류농약, 중금속, 식품제조과정 중 생성되는 유해 화학물질, 기구·용기 및 포장지에서 용출되는 물질, 유해 식품첨가물, 환경오염물질 등이 있다.

1. 잔류농약

농약은 농업 생산력 향상을 목적으로 쓰이는 물질을 말하며, 오·남용될 경우 인체에 축적되는 성질이 있어 주로 만성 식중독을 일으킨다. 농약의 종류는 수천 가지에 이르며, 화학적 구조에 따라 유기인계 농약, 유기염소계 농약, 카바메이트계 농약, 유기불소계 농약 등으로 구분한다. 국내에서는 1988년 처음 농산물에 대한 잔류허용기준이 제정된 이래로, 그 기준이 점차 강화되어 2019년에는 일부 선진국에서 적용되는 PLSPositive List system을 적용하고 있다.

1) 유기인계 농약

① 현재 가장 많이 사용되는 농약으로 인체에 대한 잔류성은 낮으나, 독성이 강하여 만성 중독보다는 주로 급성 중독을 유발하며, 살균제 및 살충제로 사용된다.

② 작용기작 : 생물체 내에 존재하는 신경 관련 효소 중 하나인 콜린에스터레이스choiln-esterase의 기질로 반응하여 정상적인 효소반응을 저해하여 체내 아세틸콜린 축적을 유발한다.

③ 중독 증상 : 구역질, 구토, 땀 흘림, 동공의 축소, 근력 감퇴, nicotine 증상(근력 감퇴, 전신 경련), 중추신경 마비 증상

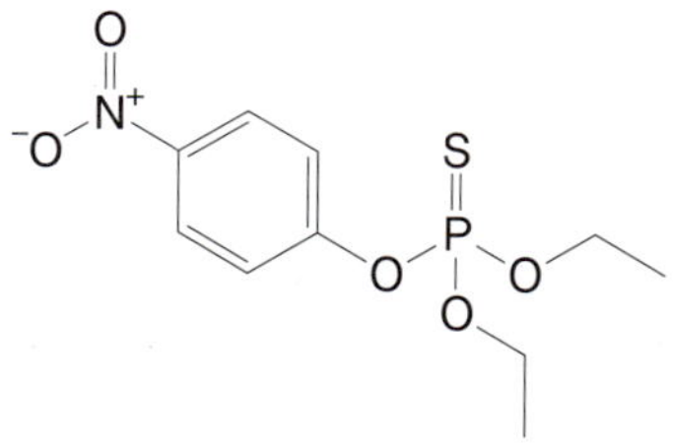

그림 5-1 Parathion의 구조

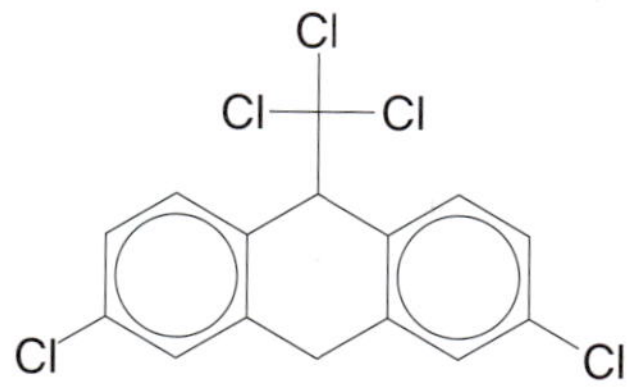

그림 5-2 DDT의 구조

④ 주요 농약 : parathion, methylparathion, malathion, DDVP, diazinon 등

2) 유기염소계 농약

① 독성은 약하나 환경이나 생물체 내에 잔류하여 축적되는 단점이 있어 현재 사용을 금지하고 있다. 대개 2~3년간 잔류하여 만성 중독을 유발한다.

② 지용성 물질로 동물의 지방이나 신경조직에 축적된다.

③ 중독 증상 : 신경 독성물질로 중추신경계에 작용하여 복통, 설사, 두통, 운동마비, 경련 등 중추신경마비 증상을 일으키며 중증일 경우 사망에 이른다.

④ 주요 농약 : DDTdichloro-diphenyl-trichloroethane, BHC, aldrin 등

3) 카바메이트carbamate계 농약

① 유기염소계 농약 대용으로 개발되어 살충제 및 제초제로 현재 많이 사용되고 있다. 유기인계 농약에 비해 배설, 회복속도가 빠르고 잔류성이 낮은 편임

② 작용기작 : 유기인제와 동일하게 콜린에스터레이스 저해작용을 한다.

③ 주요 농약 : carbaryl, BPMC, CPMC 등

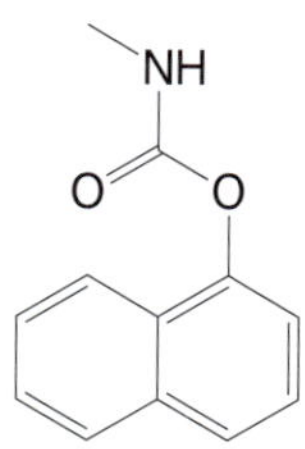

그림 5-3 carbaryl의 화학 구조

4) 유기수은계 농약

① 살균제로서 종자 소독, 벼의 도열병 예방 등에 이용된다.

② 중독 증상 : 경련, 시야 축소, 언어장애 등의 중추신경 장애를 일으킨다.

③ 주요 농약 : 페닐 수은계(페닐 초산 수은), 알킬 수은계(메톡시에틸 염화수은)

5) 유기불소제

① 인체에 독성이 강하며 체내 구연산회로의 아코니테이스aconitase의 작용을 억제, 이로 인해 체내에 구연산이 축적된다.

② 중독 증상 : 전신 위화감, 복통, 두통, 구토, 현기증을 유발하며, 중증 시 보행 및 언어장애, 경련, 혼수상태 후 사망에 이를 수 있다.

③ 주요 농약 : fratol, fussol, nissol 등

2. 중금속

중금속은 아직 인류가 새롭게 만들거나 파괴할 수 있는 물질은 아니며, 지구 생성 시에 존재했던 비율과 큰 차이가 없는 매우 근본적인 화학원소이다. 지구 내부에 존재하던 중금속이 석탄 및 석유화학의 발전으로 상당 부분 지구 표면에 노출되었으며, 이로 인해 중금속에 의한 인체 장애가 발생하고 있다. 생물체는 근본적으로 땅 속에 있는 영양분을 섭취하여 생명을 유지하는 바, 이로 인해 중금속에 오염된 농산물 및 축산물이 유통되고 있다. 중금속은 체내에 축적되는 성질이 있기 때문에, 식품의 경우 원료 농산물 단계에서 관리하는 것이 가장 확실한 관리방법이다.

1) As(비소)

① 순도가 낮은 식품첨가물 중 불순물로 혼입되는 경우와 도자기, 법랑제품의 안료에서 식품에 오염된다.

② 중독 증상

- 급성 중독 : 발열, 식욕 부진, 구토, 탈수, 복통, 체온 저하, 혈압 저하 등
- 만성 중독 : 피부 청색증, 손발 및 피부의 각화, 구토, 복통, 빈혈 등

③ 유기비소 vs. 무기비소

- 유기비소는 체외로 배설되나, 무기비소의 경우 체내에 축적되어 위험하게 분류된다. 해조류(미역, 다시마 등)에는 타 식품군에 비해 고농도로 존재하나, 유기비소 형태로 해조류에 존재하여 인체에는 무해하다.
- 국내에서는 2018년부터 일부 식품에 대한 무기비소 기준을 설정하여 관리 중임

2) Pb(납)

① 납이 많이 사용되는 공장 등에서 작업 중 기체의 형태로 호흡기로 통해 흡수되거나, 납이 오염된 토양에서 수확된 식품 등을 통해 오염되거나 도자기, 항아리 등 일부 용기에 사용되는 유약에서 오염되기도 한다.

② 중독 증상

- 대부분 만성 중독을 일으킴(일부가 뼈에 침착됨)
- 만성 중독 : 헤모글로빈 합성 저해로 인한 빈혈, 전신 권태, 두통, 피로감, 안면 창백, 치아 착색(연연鉛緣), 행동과다증 등 유발
- 급성 중독 : 구토, 복통, 인사불성 및 마비로 심한 경우 사망에 이름

3) Cd(카드뮴)

① 아연, 제련 공장 및 광산업의 폐수에 함유되어 있다.

② 각종 식기 도금(도자기, 법랑)에서 용출, 특히 산성에서 용출이 잘 된다.

③ 광산 폐수의 경우 주변 농경지에 잔류하여 농작물을 오염시킨다.

④ 만성 중독 시 허리 통증, 보행 불능, 골연화증, 단백뇨 등을 유발한다.

⑤ 1945년 일본에서 발생한 '이타이이타이병'의 원인 중금속으로 그 위험성이 알려졌다.

4) Hg(수은)

① 화학공장의 폐수에 함유되어 있다.

② 1956년 일본에서 발생한 '미나마타병'의 원인 중금속이다.

③ 수족 마비, 보행 곤란, 시야 협착 등의 증상을 보인다.

④ 유기수은 형태일 경우 체내에 흡수가 잘 되므로 유독하다.

5) Cu(구리)

① 조리용 기구 및 식기에서 용출되는 구리녹과 일부 녹색채소에 사용되는 황산구리에 의해 식품에 노출된다.

② 급성 중독으로 메스꺼움, 구토, 발한, 타액 분비, 현기증 등의 증세를 보인다.

③ 만성 중독을 일으키지 않는다(필수성분이라 신진대사에 사용됨).

6) Cr(크롬)

① 도금공장 폐수, 광산폐수에 오염된 물을 통해 노출된다.

② 6가 크롬 : 크롬은 원자가가 2~6까지 가능하며, 이 중 6가 크롬이 가장 위해성이 높으

며, 특히 기구 및 용기 등에서 규제하고 있으며, 특히 흡입으로 인한 비중격천공과 폐암을 유발하는 것으로 알려져 있다.

7) Sn(주석)

통조림 내부 코팅에 사용되는 물질로써, 산성 조건에서 용출되어 구역질, 구토, 복통 등의 증상을 유발한다.

8) 기타

① Sb(안티몬) : 도자기, 에나멜코팅용 기구(법랑제 식기)에 담을 때 용출된다.

② Zn(아연) : 에나멜코팅용 기구, 도금용기에서 용출, 주스류 등의 산성식품에서 문제가 된다.

3. 식품 제조 및 조리 중 형성되는 유독 화학물질

식중독을 유발하는 물질의 구분에 있어서는 유기성inducted 물질에 해당되며, 과도한 조리 조건이나 특정 물질들 간의 반응으로 생성된다. 종류가 많아서 국내에서 기준을 정하여 관리하는 물질 위주로 정리하였다.

1) PAHpolycyclic aromatic hydrocarbons(다환 방향족 탄화수소)

① 생성

- 훈연제품, 숯불구이의 탄 부분, 커피 등과 같은 볶은 식품(300℃ 이상 가열 시 생성)
- 석탄, 석유, 목재 등 유기물이 불완전 연소될 때

- 식용유지의 정제과정 중 발생

② 가장 강력한 발암물질 벤조피렌benzo[a]pyrene이 있으며, 국내에서는 식용유지에 2.0 μg/kg 이하로 매우 엄격하게 관리하고 있다.

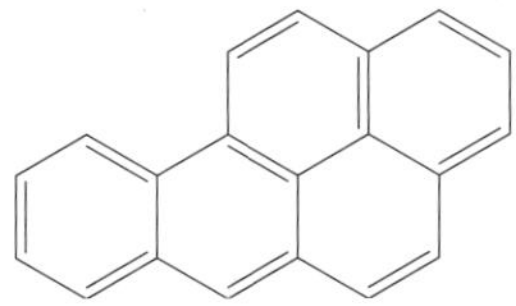

그림 5-4 벤조피렌의 구조

2) 아크릴아마이드acrylamide

① 생성

- 탄수화물 함량이 높은 식품을 높은 온도에서 조리·가공할 때 자연 발생적으로 생성되며, 국내에서는 감자칩 및 커피류 등에서 잠정기준(1.0 mg/kg 또는 1,000 μg/kg 이하)으로 관리함

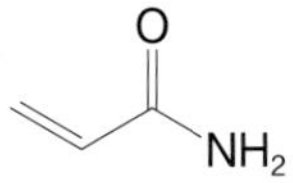

그림 5-5 아크릴아마이드의 구조

- 아미노산과 당이 열에 의해 결합하는 메일라드maillard 반응을 통해 생성되는 물질

② 과량 섭취 시 신경계 이상을 유발하는 것으로 의심되는 물질이다.

3) *N*-nitroso 화합물

① 생성 : 햄, 소시지 등의 제조 시 발색제로 사용되는 아질산염과 식품 중의 2급 amine, amide와 결합하여 nitrosamine, nitrosamide를 생성한다.

② 이 중 nitrosamine은 간장 및 식도에 암을 유발하는 물질로 알려져 있다.

4) 주류 중의 methanol

① 생성 : 과실주 중 알코올 발효 시 정제가 불충분할 경우 펙틴pectin으로부터 생성된다.

② 독성 원인 : 체외로 배설에 오랜 시간이 요구되며 체내 독성이 큰 포름산을 생성한다.

③ 중독 증상 : 만성 중독 시 두통, 흉통, 신경염을 일으키나, 다량에 의한 급성 중독 시

실명, 마취, 호흡 장애로 사망에 이를 수 있다.

④ 국내 주류의 메탄올 함량 규격 : 0.5 mg/mL 이하(일반주류), 1.0mg/mL 이하(과실주)

5) 트리할로메탄THM

수돗물 정수과정 중 염소 소독 시 생성되는 발암성 물질로 0.1 mg/L 이하로 규제되고 있다.

6) 3-MCPD3-monochloro propane-1,2-diol

① 산분해간장 제조 시 생성되는 물질로 불임 및 발암 가능성 물질로 알려져 있다.

② 국내에서는 산분해간장 및 혼합간장에 대하여 0.3 mg/kg 이하로 관리하고 있다.

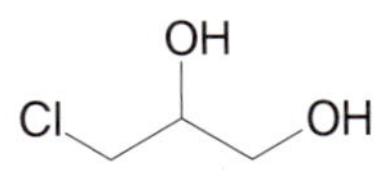

그림 5-6 3-MCPD의 구조

4. 기구·용기 및 포장재에서 용출되는 물질

식품에 사용되는 기구·용기 및 포장재의 경우 용매에 의한 용출이나 가열조리로 용출될 수 있는데, 이때 인체에 유독한 중금속이나 수지resin, 내분비 교란물질(일명 환경호르몬) 등이 식품에 오염될 수 있다. 국내에서는 기구 및 용기, 포장에 대한 기준을 마련하여 재질규격과 용출규격으로 구분하여 관리하고 있다.

1) 금속류

① 알루미늄 : 솥, 냄비, 특히 포일에 주로 사용되며, 알루미늄 성분에 과다 노출 시 알츠하이머병을 유발한다는 보고가 있다.

② 아연 : 아연이 도금된 용기에 산성식품을 담으면 아연이 용출될 가능성이 있다.

③ 구리 : 염기성 탄산구리에 의한 중독을 유발할 수 있다.

④ 스테인리스강 : 내식성은 강하나 가공 상황에 따라 크롬 용출될 수 있다.

2) 도자기, 법랑 및 유리 제품

① 도자기, 법랑 제품 : 납, 아연, 카드뮴, 안티몬 등의 중금속이 안료로 사용되기 때문에 소성 온도가 충분하지 않을 경우 유약과 함께 중금속이 용출될 수 있다.

② 유리제품 : 내구성이 좋은 편이나 산성수와 오랜 기간 접촉 시 유리 조성물인 규산과 기타 중금속이 용출될 수 있다.

3) 종이제품

종이 포장재 자체로는 큰 문제가 없으나, 착색료, 파라핀 및 형광증백제가 논란이 되고 있다. 형광증백제는 종이 재질을 하얗게 하지만, 장기간 노출 시 인체에 아토피 등을 유발할 수 있다고 알려져 있다.

4) 합성수지

크게 열경화성 수지와 열가소성 수지로 구분된다.

① 열경화성 수지

- phenol 수지, 요소수지, melamine 수지 등이 있으며, 일정 기간 이상 사용 시 포르말린이 용출됨

② 열가소성 수지 : formaldehyde 용출은 없음

- polyethylene(PE), polypropyrene, polystylene, PVC 등
- 위해 용출물질 : 단량체monomer 안정제(납 등), 가소제(프탈레이트)

5) 내분비 교란물질(=환경호르몬)

① 사람, 동물의 내분비 호르몬과 비슷한 작용을 하는 외인성 화학물질 : 생식장애, 암, 발육 이상, 면역계 이상을 유발하는 것으로 보고되었다.

② 비스페놀 A, 폴리카보네이트, 프탈레이트류, 스티렌류, 다이옥신, PCB 등이 해당되며, 특히 다이옥신의 경우 소각 후 배출가스의 환경적 기준과 육제품에서의 식품규격을 동시에 적용하고 있는 물질이다 95쪽 참조.

5. 유해성 식품첨가물

안전성 및 독성학적 측면으로 그 위해성이 밝혀져 사용이 금지된 식품첨가물을 말한다. 그 종류가 너무 많아 사용 용도별로 논란이 되었던 주요 첨가물을 소개하고자 한다 표 5-1.

표 5-1 유해성 식품첨가물의 종류

용도	명칭	특징
감미료	dulcin	• 온수에 잘 녹으며, 설탕보다 약 250배 정도 단맛 • 청량음료수, 과자, 절임류에 사용 • 혈액독, 중추신경 장애, 간장장애 유발
	cyclamate	• 설탕의 40~50배 감미, 열, 햇빛에 안정하고 청량감 • 발암성(방광암)
	p-nitro-*o*-toluidine	• 설탕의 200배 감미, 일본에서 물엿에 첨가되었으나 사망한 사례가 있었음(살인당이라 불림) • 위통, 식욕 부진, 메스꺼움, 권태 등 유발
	perillatine	• 백색의 결정체, 설탕의 2000배(감미도 최대), 신장염
	ethylene glycol	• 자동차 부동액, 감주, 팥앙금의 맛을 내는 데 사용한 적이 있음(호흡 곤란 등, 중증 시 의식불명으로 사망)

(계속)

용도	명칭	특징
착색료	auramine	• 염기성의 황색 타르색소, 과자, 단무지, 카레가루, 팥앙금류 등의 착색 • 만성 중독 시 간장에 발암성을 보이며, 급성 중독 시 피부에 흑자색 반점, 두통, 맥박 감소, 의식불명 등 유발
	rhodamine B	• 염기성의 분홍색 타르색소, 과자, 어묵 등에 사용 • 전신 착색, 색소뇨, 구역질, 구토, 복통 등 유발
	p-nitroanillin	• 지용성 황색색소, 혈액 및 신경독 • 중독 증상은 두통, 청색증, 황색뇨의 배설 및 혼수상태 등 유발
	sudan III	• 적색색소, 가짜 고춧가루 및 고추씨기름에 사용되었음
	malachite green	• 물곰팡이와 세균 사멸용으로 양식장에서 사용(발암성)
보존료	붕산(H_3BO_3)	• 방부, 윤기, 식감 증진 목적(햄, 베이컨, 과자 등) • 만성 중독 : 식욕 감퇴, 소화 불량 유발 • 급성 중독 : 구토, 설사, 위통, 홍반, 사망 등 유발
	formaldehyde	• 수용성 무색 기체로 간장, 주류, 육제품에 사용되었음 • 소화장애, 구토, 두통, 현기증, 호흡 곤란 유발
	승홍($HgCl_2$)	• 강한 살균력으로 주류 등에 불법적으로 사용되었음 • 만성 중독 : 신장 장애, 구내염 유발 • 급성 중독 : 구통, 복통, 요독증 유발
	β-naphtol	• 강한 살균력으로 간장 방부제로 사용되었음 • 만성 중독: 신장장애, 단백뇨 유발 • 급성 중독: 구통, 복통, 경련, 현기증 유발
	불소화합물	• 강한 방부효과로 육류, 우유 및 알코올 음료 등 사용 • 만성 중독 : 반상치나 체중 감소 및 빈혈 등 유발 • 급성 중독 : 구토, 복통, 경련 호흡장애 등 유발
표백제	rongalite	• 포르말린에 아황산나트륨을 축합시킨 물질로, 다량의 포름알데하이드가 유리되어 신장 자극 • 물엿, 연근, 우엉 등의 표백에 사용되었음
	형광표백제	• 압맥, 국수, 생선묵 등을 표백에 사용되었음

6. 환경오염물질에 의한 식중독

대기, 토양, 공장 내 설비, 일부 식품용기 등에서 유래하는 위해 화학물질로 대부분 동식물의 지방조직에 축적되어 생식능력을 저해하는 물질로 알려져 있다. 이 책 93쪽의 '환경호르몬' 등이 주로 해당된다.

1) 비스페놀 Abis-phenol A

① 합성수지의 원료 및 캔의 내부 코팅제로 사용되며, 특히 유아용 젖병, 캔 등에서 용출될 수 있음

② 독성

- 체내에서 흡수되었을 때 에스트로겐과 유사한 효과 → 환경호르몬으로 불리는 이유
- 노출 시 수정률 감소, 태아 발육이상, 피부 알레르기, 성조숙증, 사춘기 생식기능 교란 등

2) 프탈산에스터류

① 플라스틱 제품의 가소제, 접착제, 인쇄잉크, 염료 등의 제조에 널리 사용

② 가장 문제가 되는 것은 DBPdibutyl phthalate, DOPdioctyl phthalate

③ 경구 만성 중독 : 신체 기형, 생식기능 저해 유발

3) 다이옥신dioxins

① 일반적 특성

- 불완전 연소 시에 발생하는 대표적 물질로서, 소각장 및 공장 주변에 주로 생성됨
- 생성된 다이옥신은 대기 중에서 흩어지나, 강우 등에 의해 토양 및 농작물을 오염시켜,

인체에 축적됨

- 화학적으로는 염소원자의 개수 및 위치에 따라 약 210종의 동족체가 존재하며, 이 중 2,3,7,8-TCDD2,3,7,8-tetrachlorodibenzo-p-dioxin의 독성이 가장 높음
- 체내 잔류력이 매우 높으며, 국제암연구소(IARC)에서 발암성 물질 "group 1"으로 분류됨

② 인체 유입 경로

- 90% 이상이 음식물을 통해 체내에 유입되고 있다고 보고됨
- 육류, 우유, 낙농 유제품 등을 통하여 주로 체내에 축적됨
- 일부 식품 포장재나 담배 연기 등으로도 유입될 수 있음

③ 중독 증상

- 섭취 초기에는 식욕감퇴 및 구토 등의 증상과 흡입 시에는 호흡곤란을 유발함
- 피부 노출 시에는 가려움증을 동반한 염증을 유발함
- 만성 중독 시 폐암 유발, 심장질환 유발하고 생식능력 저하를 초래함

4) PCBpolychloro-biphenyl

① 일반적 특성

- 화학적으로 매우 안정한 물질로 지용성, 불연성, 내약품성, 내열성의 성질을 보임
- 전기절연성 및 열전도성 우수하고, 화학적으로 내산, 내알칼리성임
- 열 매체, 인쇄용 잉크, 윤활유, 전기 절연유(변압기, 콘덴서) 가소제 등으로 이용됨

② 논란 사례

- 1968년 일본에서 미강유 중독 사건 유발

③ 중독 증상

- 급성 중독 : 색소 침착, 피부 발진, 발한, 피부 각질화, 식욕 부진 등 유발

• 만성 중독 : 간기능 장애 유발

5) 방사능 물질

방사능 또는 방사성 물질은 자연상태에서 붕괴에 의하여 방사선을 방출하는 물질로 식품에서는 1986년 당시 구 소련의 체르노빌 원전 폭발, 2011년 후쿠시마 원전의 폭발로 이슈화된 물질이다. 국내에서는 1989년부터 세슘Cs과 요오드I에 대한 식품 중 방사능 물질의 기준을 관리하고 있다.

① ^{131}I

• 반감기 8일

• 갑상선에 축적되어 β 및 γ선을 방사하여 갑상선 기능장애를 유발

• 모든 식품에 100 (Bq/kg, L) 이하로 관리

② $^{134}Cs + ^{137}Cs$

• 반감기 2년(^{134}Cs) 및 30년(^{137}Cs)

• 화학적 성질은 칼륨과 비슷하며 노출 시 특정 부위가 아닌 전신 근육에 분포함

• 체내에서 β, γ선 장시간 방사 시 생식세포 장애를 유발함

• ^{134}Cs과 ^{137}Cs의 합으로 영·유아 식품은 50Bq/kg, L 이하로, 그 외 식품은 100Bq/kg, L 이하로 관리

③ ^{90}Sr

• 반감기 28년

• 화학적 성질이 칼슘과 비슷하며, 노출 시 뼈에 축적됨

• 장시간 노출 시 골수가 베타선에 의해 영향을 받아 조혈기능 장애, 백혈병, 골수암 등이 유발됨

CHAPTER 6

식품과 감염병

1. 감염병의 발생요인 / 2. 우리나라 법정감염병 / 3. 경구감염병 / 4. 인수공통감염병

1. 감염병의 발생요인

'감염병'이란 병원체가 숙주에 침입하여 증식함으로써 일어나는 질병으로 제1급감염병, 제2급감염병, 제3급감염병, 제4급감염병, 기생충감염병, 세계보건기구 감시대상 감염병, 생물테러감염병, 성매개감염병, 인수人獸공통감염병 및 의료관련감염병으로 구분한다. 감염병의 발생요인 및 발생조건은 표 6-1과 같다.

표 6-1 감염병 발생요인 및 발생조건

발생요인	발생조건
감염원	충분한 양의 병원체 또는 병원체를 내포하고 있는 병원소가 있어야 함
감염경로	병원소로부터 병원체의 탈출 → 전파 → 새로운 숙주로 침입할 수 있는 전파경로가 있어야 함
숙주의 감수성	병원체에 대한 숙주의 감수성이 있어야 함(즉, 면역성이 없거나 낮아야 함)

1) 감염원

감염원이란 감수성을 지닌 숙주에게 감염병을 일으키는 근원이 되는 모든 것을 의미한다.

표 6-2 병원체에 따른 감염병의 종류

병원체		감염병의 종류
세균		디프테리아, 콜레라, 장티푸스, 파라티푸스, 세균성이질, 성홍열, 백일해, 파상풍, 결핵*, 탄저*, 브루셀라증*, 장출혈성대장균감염증*, 돈단독*, 야토병*, 렙토스피라증*
바이러스		A형 간염, 폴리오, 유행성이하선염, 홍역, 일본뇌염*, 동물인플루엔자 인체감염증*, 공수병(광견병)*, 중증급성호흡기증후군(SARS)*
리케차		발진열*, 쯔쯔가무시증*, 큐열*
변형프리온		변종크로이츠펠트-야콥병(vCJD)*
기생충	연충	회충증, 편충증, 요충증, 간흡충증, 폐흡충증, 장흡충증
	원충	아메바성이질, 톡소플라즈마증*

*인수공통감염병 : 동물과 사람 간에 서로 전파되는 병원체에 의하여 발생되는 감염병

감염원으로는 세균, 바이러스, 리케차, 변형프리온, 기생충 등의 병원체가 있고 표 6-2, 이러한 병원체가 침입하여 증식·발육하고 있는 장소인 병원소가 있다. 병원소에는 환자, 잠복기보균자, 회복기보균자, 건강보균자를 포함한 인간 병원소, 동물 병원소, 토양이 포함된다.

2) 감염경로

감염경로는 감염원으로부터 감수성이 있는 숙주에게 병원체가 운반되는 것을 말한다. 감염경로에는 환자나 보균자로부터 탈출한 병원체가 감수성 숙주에게 피부 접촉, 비말 접촉 등의 방법으로 직접 전파되어 감염을 일으키는 직접 감염경로가 있고, 파리, 모기, 바퀴, 진드기 등과 같은 활성 매개체를 통하여 전파되거나, 물, 식품, 공기, 생활용구, 장난감 등 비활성 매개물에 의하여 전파되는 간접 감염경로가 있다.

3) 숙주의 감수성

감수성susceptibility란 숙주에 병원체가 침입했을 때, 저항하여 질병을 방어할 수 있는 능력이 없는 상태를 말한다. 즉, 병원체에 의해 쉽게 질병이 발생할 수 있는 경우를 감수성이 있다고 말한다. 감수성은 면역성과 상반되는 의미로, 감수성이 높은 집단(면역성이 낮은 집

면역이란 특정 항원에 대해 자기 몸을 방어하는 능력을 말하며, 선천적 면역과 후천적 면역이 있다.

구분			내용
선천적 면역			개인 특이성, 인종 등 유전적으로 형성된 면역
후천적 면역	수동면역	자연수동면역	수유로부터 획득된 면역
		인공수동면역	감마글로불린, 면역혈청 등에 의해 인위적으로 획득된 면역
	능동면역	자연능동면역	장티푸스, 디프테리아, 백일해, 홍열, 폴리오, 일본뇌염 등 감염병에 노출된 후 획득된 면역
		인공능동면역	예방접종 실사 후 획득된 면역

단)에서는 감염병의 유행이 잘 일어나지만, 감수성이 낮은 집단(면역성이 높은 집단)에서는 감염병의 유행이 잘 발생하지 않는다.

2. 우리나라 법정감염병

우리나라의 법정감염병 분류체계는 「감염병의 예방 및 관리에 관한 법률」 제2조에 근거하며, 질병관리청장은 보건복지부장관과 협의하여 「감염병의 예방 및 관리에 관한 법률」 제7조에 근거, 감염병의 예방 및 관리에 관한 기본계획을 5년마다 수립·시행하여야 한다.

1) 법정감염병 신고 및 보고 체계

법정감염병 발생 시 신속한 대응을 위한 법정감염병 신고 및 보고 체계는 그림 6-1과 같다. 신고의무자를 의사, 한의사에서 의사, 치과의사, 한의사로 확대하였고, 심각도와 전파력이

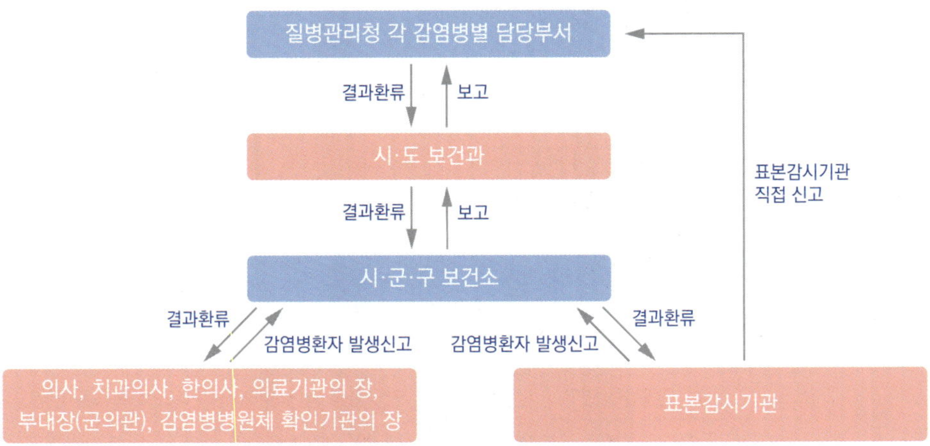

그림 6-1 법정감염병 신고 및 보고 체계
출처 : 질병관리청

높은 1급감염병의 신고방법은 질병관리청장 또는 관할지역 보건소장에게 구두·전화 등의 방법으로 신고서 제출 전에 고지하는 것을 원칙으로 개선하였다.

2) 감염병 분류체계 및 종류

(1) 법정감염병 분류체계(근거: 감염병의 예방 및 관리에 관한 법률 제2조)

우리나라 법정감염병 분류체계는 질환별 특성(물/식품매개, 예방접종대상)에 따른 군群별 분류에서 심각도·전파력·격리수준을 고려한 급級별 분류로 개편되었다. 「감염병의 예방 및 관리에 관한 법률」 제2조에 근거한 법정감염병 분류체계는 다음과 같다.

① 제1급감염병 : 생물테러감염병 또는 치명률이 높거나 집단 발생의 우려가 커서 발생 또는 유행 즉시 신고하여야 하고, 음압격리와 같은 높은 수준의 격리가 필요한 감염병

② 제2급감염병 : 전파 가능성을 고려하여 발생 또는 유행 시 24시간 이내에 신고하여야 하고, 격리가 필요한 감염병

③ 제3급감염병 : 그 발생을 계속 감시할 필요가 있어 발생 또는 유행 시 24시간 이내에 신고하여야 하는 감염병

④ 제4급감염병 : 제1급감염병부터 제3급감염병까지의 감염병 외에 유행 여부를 조사하기 위하여 표본 감시활동이 필요한 감염병

(2) 법정감염병 분류 및 종류

법정감염병은 제1군~제5군감염병 및 지정감염병 총 80종에서 제1급~제4급감염병 총 89종으로 개편되었으며, 그 분류 및 종류는 표 6-3과 같다.

표 6-3 법정감염병 분류 및 종류(2024년 1월 기준)

구분	제1급감염병(17종)	제2급감염병(21종)	제3급감염병(28종)	제4급감염병(23종)
유형	생물테러감염병 또는 치명률이 높거나 집단 발생의 우려가 커서 발생 또는 유행 즉시 신고, 음압격리와 같은 높은 수준의 격리가 필요한 감염병	전파가능성을 고려하여 발생 또는 유행 시 24시간 이내에 신고, 격리가 필요한 감염병	발생을 계속 감시할 필요가 있어 발생 또는 유행 시 24시간 이내 신고하여야 하는 감염병	유행 여부를 조사하기 위하여 표본감시 활동이 필요한 감염병
종류	1. 에볼라바이러스병 2. 마버그열 3. 라싸열 4. 크리미안콩고출혈열 5. 남아메리카출혈열 6. 리프트밸리열 7. 두창 8. 페스트 9. 탄저 10. 보툴리눔독소증 11. 야토병 12. 신종감염병증후군 13. 중증급성호흡기증후군(SARS) 14. 중동호흡기증후군(MERS) 15. 동물인플루엔자 인체감염증 16. 신종인플루엔자 17. 디프테리아	1. 결핵 2. 수두 3. 홍역 4. 콜레라 5. 장티푸스 6. 파라티푸스 7. 세균성이질 8. 장출혈성대장균감염증 9. A형간염 10. 백일해 11. 유행성이하선염 12. 풍진 13. 폴리오 14. 수막구균 감염증 15. b형헤모필루스인플루엔자 16. 폐렴구균 감염증 17. 한센병 18. 성홍열 19. 반코마이신내성황색포도알균(VRSA) 감염증 20. 카바페넴내성장내세균목(CRE) 감염증 21. E형간염	1. 파상풍 2. B형간염 3. 일본뇌염 4. C형간염 5. 말라리아 6. 레지오넬라증 7. 비브리오패혈증 8. 발진티푸스 9. 발진열 10. 쯔쯔가무시증 11. 렙토스피라증 12. 브루셀라증 13. 공수병 14. 신증후군출혈열 15. 후천성면역결핍증(AIDS) 16. 크로이츠펠트-야콥병(CJD) 및 변종크로이츠펠트-야콥병(vCJD) 17. 황열 18. 뎅기열 19. 큐열 20. 웨스트나일열 21. 라임병 22. 진드기매개뇌염 23. 유비저 24. 치쿤구니야열 25. 중증열성혈소판감소증후군(SFTS) 26. 지카바이러스 감염증 27. 엠폭스 28. 매독	1. 인플루엔자 2. 회충증 3. 편충증 4. 요충증 5. 간흡충증 6. 폐흡충증 7. 장흡충증 8. 수족구병 9. 임질 10. 클라미디아 감염증 11. 연성하감 12. 성기단순포진 13. 첨규콘딜롬 14. 반코마이신내성장알균(VRE) 감염증 15. 메티실린내성황색포도알균(MRSA) 감염증 16. 다제내성녹농균(MRPA) 감염증 17. 다제내성아시네토박터바우마니균(MRAB) 감염증 18. 장관감염증 19. 급성호흡기감염증 20. 해외유입기생충감염증 21. 엔테로바이러스감염증 22. 사람유두종바이러스 감염증 23. 코로나바이러스감염증-19
감시	전수	전수	전수	표본

출처 : 질병관리청

(3) 기타 감염병 분류

법정감염병 제1급~제4급감염병 이외의 기타 법정감염병으로 기생충감염병, 세계보건기구 감시대상감염병, 생물테러감염병, 성매개감염병, 인수공통감염병, 의료관련감염병의 분류 및 종류는 표 6-4와 같다.

표 6-4 기타 감염병 분류

구분	정의	기타 감염병 분류	근거
기생충감염병 (7종)	기생충에 감염되어 발생하는 감염병	회충증, 편충증, 요충증, 간흡충증, 폐흡충증, 장흡충증, 해외유입기생충감염증	감염병예방법 제2조제6호 보건복지부장관이 지정하는 감염병의 종류(보건복지부 고시)
세계보건기구 감시 대상 감염병 (9종)	세계보건기구가 국제공중보건의 비상사태에 대비하기 위하여 감시대상으로 정한 질환	두창, 폴리오, 신종인플루엔자, 중증급성호흡기증후군(SARS), 콜레라, 폐렴형 페스트, 황열, 바이러스성 출혈열, 웨스트나일열	감염병예방법 제2조제8호 보건복지부장관이 지정하는 감염병의 종류(보건복지부 고시)
생물테러감염병 (8종)	고의 또는 테러 등을 목적으로 이용된 병원체에 의하여 발생된 감염병	탄저, 보툴리눔독소증, 페스트, 마버그열, 에볼라바이러스병, 라싸열, 두창, 야토병	감염병예방법 제2조제9호 보건복지부장관이 지정하는 감염병의 종류(보건복지부 고시)
성매개감염병 (7종)	성접촉으로 전파되는 감염병	매독, 임질, 클라미디아 감염증, 연성하감, 성기단순포진, 첨규콘딜롬, 사람유두종바이러스 감염증	감염병예방법 제2조제10호 보건복지부장관이 지정하는 감염병의 종류(보건복지부 고시)
인수공통감염병 (10종)	동물과 사람 간에 서로 전파되는 병원체에 의하여 발생되는 감염병	장출혈성대장균감염증, 일본뇌염, 브루셀라증, 탄저, 공수병, 동물인플루엔자 인체감염증, 중증급성호흡기증후군(SARS), 변종크로이츠펠트-야콥병(vCJD), 큐열, 결핵	감염병예방법 제2조제11호 보건복지부장관이 지정하는 감염병의 종류(보건복지부 고시)
의료관련감염병 (6종)	환자나 임산부 등이 의료행위를 적용받는 과정에서 발생한 감염병	반코마이신내성황색포도알균(VRSA) 감염증, 반코마이신내성장알균(VRE) 감염증, 메티실린내성황색포도알균(MRSA) 감염증, 다제내성녹농균(MRPA) 감염증, 다제내성아시네토박터바우마니균(MRAB) 감염증, 카바페넴내성장내세균속균종(CRE) 감염증	감염병예방법 제2조제12호 보건복지부장관이 지정하는 감염병의 종류(보건복지부 고시)

출처 : 질병관리청

3. 경구감염병

경구감염병은 물이나 음식, 음료수, 손, 식기 등을 매개하여 경구로 감염되는 질병으로 세균성 식중독과는 차이가 있다 표 6-5.

표 6-5 세균성 식중독과 경구감염병의 비교

구분	세균성 식중독	경구감염병
음용수	음용수에 의한 발생이 거의 없음	음용수에 의한 감염이 가능함
식품의 역할	증식매체	운반매체
잠복기간	비교적 짧음	비교적 긺
2차 감염	거의 없음	많음
면역	면역이 생기지 않음	면역이 생기는 경우가 많음
격리 필요성	없음	있음
예방법	식품 중 균의 증식을 막으면 예방 가능	거의 예방이 불가능 백신이 개발된 경우 예방접종으로 예방 가능

1) 디프테리아

디프테리아Diptheria는 급성, 독소 매개형 호흡기 감염병으로 제1급감염병에 속한다. 전 세계적으로 발생하고, 특히 온대기후 지역에서 봄과 겨울에 주로 발생한다. 디프테리아 환자의 60%가 4세 이하이며, 최근 몇 년 동안 유행지역에서의 치명률은 10% 이상이다.

(1) 병원체

원인균은 코리네박테리움 디프테리아*Corynebacterium diphtheriae*로, 아포와 편모가 없는 그람 양성 간균이며 독소를 생산하여 질병을 일으킨다. 디프테리아균은 열과 일광에 대한 저항력이 약하고, 약물에 대한 저항력도 비교적 약하다.

(2) 감염경로

아이스크림, 생우유 또는 환자나 보균자의 분비물로 오염된 식품에 의해 경구감염되거나 환자나 보균자의 코와 인후분비물, 기침 등에 의해 비말로 전파된다.

(3) 잠복기 및 감염증상

잠복기는 2~5일이며, 감염증상으로는 코와 인후 등의 상피조직에 국소적 염증과 막이 생겨 편도가 붓거나 기도 폐쇄로 인한 호흡곤란을 일으킬 수 있다.

(4) 예방법

환자나 보균자의 접촉을 금지하고, 환자는 격리 치료해야 한다. 또한 경구감염을 예방하기 위해 음식물이 오염되지 않도록 하고, 예방접종(톡소이드toxoid)으로 예방이 가능하므로 반드시 예방접종을 실시하도록 한다.

2) 콜레라

콜레라Cholera는 제2급감염병으로 분류되며 원발생지가 인도 갠지스강 유역으로 우리나라에서는 1821년부터 클래식형 콜레라균에 의한 발생이 시작되었고, 1963년 처음으로 엘토르형 콜레라균El Tor에 의한 발생 이후 유행적 발생이 있었다. 콜레라는 주로 7~9월에 발생하고, 10~12월까지도 발생한다. 클래식형 콜레라의 경우 치명률이 약 50% 정도로 높지만, 최근 발생하는 엘토르형 콜레라의 경우 약 2% 미만이므로 치명률은 낮다.

(1) 병원체

원인균은 비브리오 콜레라*Vibrio cholerae*로 그람 음성 간균이며 아포와 협막이 없고 편모가 있는 통성혐기성균이다. 콜레라균은 열에 저항력이 약하여 60℃ 이상에서 30분, 100°C에서 1~2분 내에 사멸하며, 저온에도 약하여 10℃ 미만에서 5~10일이면 사멸한다. 소독제에 대한 저항력도 약하여 3% 석탄산에서 5분이면 사멸하고, 건조에 민감하여 일광에서 1시간이면 사멸한다.

(2) 감염경로

환자나 보균자의 구토물, 분변으로 배출된 균에 오염된 물이나 음식을 통해 경구감염된다. 또한 날것이나 덜 익은 해산물이 감염을 일으키기도 한다.

(3) 잠복기 및 감염증상

잠복기는 수시간~5일로 보통 6~48시간이며, 감염 시 쌀뜨물 같은 수양성 설사와 구토로 증세가 나타나 탈수가 동반될 수 있으므로 손실된 수분 및 전해질을 빠르게 보충해 주는 것이 필요하다. 또한 근육통이나 체온 저하 등의 증상이 나타나기도 하고, 간혹 무증상 감염자나 만성보균자가 존재하기도 한다.

(4) 예방법

가장 효과적인 예방법은 오염된 물이나 음식의 섭취를 금지하는 것이며, 물은 반드시 끓여먹고 콜레라 예방주사를 맞아야 한다. 또한 철저한 검역과 콜레라 발생지역의 출입을 통제하고, 콜레라 환자는 반드시 격리 치료해야 한다.

3) 장티푸스

장티푸스Typhoid fever는 제2급감염병으로 계절에 관계없이 발생하나, 주로 기온이 높은 8~9월에 많이 발생한다. 장티푸스의 치명률은 약 10~15%로 20세 전후 연령에서 발생률이 높고, 여성보다는 남성에게 더 많이 발생한다.

(1) 병원체

원인균은 살모넬라 타이피*Salmonella typhi*로 그람 음성 간균이며 아포와 협막이 없고 편모가 있는 통성혐기성균이다. 토양, 물, 분변 중에서는 오래 생존이 가능하지만, 0.1% 승홍수나 5% 석탄산에서 30분이면 사멸한다.

(2) 감염경로

환자나 보균자의 오줌, 분변, 타액을 통하여 배출된 균에 의해 감염되며, 주로 오염된 물, 생과일, 채소, 어패류, 두부 등에 의해 경구감염된다. 또한 환자나 보균자의 접촉에 의해 감염되기도 한다.

(3) 잠복기 및 감염증상

잠복기는 3~60일(평균 8~14일)이며 감염증상은 40℃ 전후의 발열, 붉은색의 피부 발진, 권태감, 식욕 부진, 오한, 설사 등이 있다. 열은 단계적으로 올라 1주일 정도 후 최고조에 달하며, 1~2주간 고열이 지속되다가 점차 낮아진다.

(4) 예방법

물과 음식 등의 위생관리, 보균자의 격리 등을 철저히 하며 백신에 의한 예방접종으로 예방이 가능하다.

4) 파라티푸스

파라티푸스Paratyphoid fever는 제2급감염병으로 장티푸스와 비슷하게 주로 여름철에 많이 발생한다. 일반적으로 여성보다는 남성에게 많이 발병한다. 우리나라에서 C형은 발병한 사례가 없고, A형보다 B형 파라티푸스 발병률이 10배 정도 높으며, 일반적으로 청장년층에서는 A형, 청소년층에서는 B형이 많이 발병한다.

(1) 병원체

원인균은 살모넬라 파라타이피*Salmonella paratyphi*로 A, B, C형이 있다.

(2) 감염경로

환자나 보균자의 배설물에 의해 직접 또는 간접적으로 감염된다.

(3) 잠복기 및 감염증상

잠복기는 1~10일 정도이며, 감염증상은 장티푸스와 거의 비슷하다. A형에 의한 감염은 사망률이 낮고, C형에 의한 감염은 경과가 가볍다. B형에 의한 감염은 증세가 가벼워서 그냥 지나쳐버리는 경우도 있으나, 발열을 동반하며 급성으로 나타난다.

(4) 예방법

위생관리를 철저히 하고 환자는 격리하여 치료·관리해야 한다. 백신 예방접종으로 예방이 가능하다.

5) 세균성이질

세균성이질shigellosis은 제2급감염병으로 6~9월에 걸쳐 서서히 발생이 증가한다. 세균성이질은 소수의 세균만으로도 감염을 일으킬 수 있어 지속적인 유행이 가능하다.

(1) 병원체

원인균은 이질균*Shigella*으로 그람 음성 간균이며, 아포가 없는 통성혐기성균으로 운동성이 없다. 이질균은 4가지로 분류하며 *S. dysenteriae*(혈청군 A), *S. flexneri*(혈청군 B), *S. boydii*(혈청군 C), *S. sonnei*(혈청군 D)가 있다. 열에 약하여 60℃에서 10분간 가열로 사멸하고, 5% 석탄산에 사멸하나 저온 저항성이 강하다.

(2) 감염경로

환자와 보균자의 분변, 파리 등의 매개체를 통하여 감염되고, 환자와 보균자의 직접 접촉에 의해서도 감염된다. 또한 물, 우유, 식품 등에 의해 감염된다.

(3) 잠복기 및 감염증상

잠복기는 12시간~7일(보통 1~4일)이고, 점액이나 혈변을 수반하는 설사 증상 및 권태감, 38~40℃의 발열, 복통 등의 감염증상을 보인다.

(4) 예방법

식품의 섭취전 가열을 충분히 하고, 손 위생 및 조리기구 등의 소독을 철저히 한다. 또한 경증환자 및 보균자의 관리를 철저히 한다.

6) A형 간염

A형 간염Hepatitis A은 제2급감염병으로 분류된다. 간염바이러스Hepatitis virus는 간세포에 침입하여 급성 또는 만성 간질환을 일으키며, 그 종류로는 A, B, C, D, E, G형이 있다. 이 중에서 A와 E형 간염바이러스는유행성 간염의 원인 바이러스로 경구감염에 의한 급성 간질환을 일으키고, B, C, D, G형 간염바이러스는 혈액에 의한 감염으로 만성 간질환을 유발하는 경우가 많다.

(1) 병원체

A형 간염바이러스의 병원체인 *hepatitis A virus*는 중온이나 산에 안정하므로 불활성화시키거나 염소 소독을 해야 사멸된다.

(2) 감염경로

감염자의 타액, 분변, 혈액 등에 의해 감염되며, 오염된 음식이나 물을 통해서 경구감염도 된다.

(3) 잠복기 및 감염증상

잠복기는 15~50일(평균 28일)이고, 감염증상은 38℃ 이상의 발열, 구토, 황달 등으로 나타나지만 대부분 완전히 회복된다. 소아의 경우 감기처럼 앓고 지나가는 가벼운 증상을 보이기도 한다.

(4) 예방법

영유아, 고위험군 아동 및 청소년에게 예방접종을 실시하고, 성인의 경우 항체검사를 실시하여 항체가 없는 경우에 예방접종을 실시한다. 또한 손 씻기 등 개인위생을 철저히 하고 주변 환경 소독을 해야 하며, 물은 끓여 마시도록 한다.

7) B형 간염

B형 간염Hepatitis B은 제3급감염병으로 분류된다. B형 간염바이러스는 간경변이나 간암과 같은 만성질환으로 진행될 가능성이 높으며, 우리나라 간암의 약 70%가 B형 간염과 연관이 있다.

(1) 병원체

B형 간염바이러스의 병원체는 *hepatitis B virus*로 건조에 내성이 강하고 열 저항성이 커서 60℃에서 30분간 가열해도 생존 가능하며 1 ppm 염소용액에도 사멸되지 않는다.

(2) 감염경로

B형 간염은 환자나 보균자의 혈액과 침, 정액, 질액 등에 의해 감염된다. B형 간염이 있는 모체로부터 태아에게 수직감염될 수 있으며 수혈이나 성접촉, 오염된 주사기의 재사용 등으로 감염될 수 있다. 오염된 음식이나 물을 통하여 감염되지 않고 일상생활로 감염되는 경우는 극히 드물다.

(3) 잠복기 및 감염증상

잠복기는 60~150일(평균 90일)이고 감염증상으로는 구토, 식욕 부진, 미열, 근육통, 관절염 및 황달을 동반하나, 감염자 중 50% 이상이 무증상이다. B형 간염이 만성화되는 것은 감염시기에 따라 차이가 있는데, 만성감염은 B형 간염이 있는 모체로부터 태아에게 수직감염된 영아 중 90% 이상이 만성화되며, 유년기 감염은 20%, 성인기 감염은 1% 미만으로 만성화된다.

(4) 예방법

B형 간염을 예방하기 위해 B형 간염이 있는 산모는 출산 전 B형 간염 백신과 면역글로불린을 주사하여 신생아가 B형 간염에 걸리지 않도록 한다. 또한 영유아 및 B형 간염 고위험군은 백신 접종으로 예방이 가능하다.

8) 폴리오

폴리오Poliomyelitis는 소아마비 또는 급성 회백수염이라고도 하며 제2급감염병으로 분류된다. 연중 발생 가능하나 5~8월에 가장 많이 발생하고, 환자의 50%가 2세 이하이다.

(1) 병원체

폴리오 바이러스Polio virus가 원인 바이러스이며 약품과 저온에 대한 저항성은 강하나 열에 의한 저항력은 약하다.

(2) 감염경로

감염자의 분변이나 인후 분비액으로 바이러스가 배출되어 비말 또는 경구를 통해 감염된다.

3) 잠복기 및 감염증상

잠복기는 평균 7~12일이며, 감염증상은 초기에 감기 증상과 유사하게 발열, 두통, 구토, 복통 등의 증상을 동반한다. 증상자의 5~10% 정도는 근육통, 피부 지각이상 등 신경증상이 일어나고 운동신경이 마비되는 증상이 나타나기도 하나, 90~95%는 불현성 감염으로 무증상으로 면역력이 생기기도 한다.

(4) 예방법

영유아 필수 국가예방접종대상이며, 생균백신sabin 또는 사균백신salk 예방접종으로 예방이 가능하다.

9) 성홍열

성홍열Scarlet fever은 제2급감염병으로 연중 상시 발생하고 특히 5월에 가장 많이 발생하며 국내에서는 주로 6~12세에 발생한다.

(1) 병원체

원인균은 A군 베타용혈성 연쇄상구균group A β-hemolytic Streptococci으로 아포를 형성하지 않는 그람 양성 구균이다. 화농연쇄상구균*Streptococcus pyogenes*은 발열성 외독소를 생산하여 감염을 일으킨다.

(2) 감염경로

비말감염 및 인후 분비물로 오염된 식품을 통해서 드물게 감염되며, 주로 환자와 보균자의 비말이나 분비물과 직접 접촉에 의해 감염된다.

(3) 잠복기 및 감염증상

잠복기는 1~7일이며, 감염증상은 39~40℃의 발열과 심한 인후출혈, 딸기혀가 되고,

24~36시간 이내 전신에 발진이 나타난다.

(4) 예방법

환자의 분변 및 분비물을 통해 전파되지 않도록 오염된 물품을 소독해야 하며, 환자는 격리하여 치료하면 예방할 수 있다. 또한 γ-글로불린 예방접종에 의한 예방이 가능하다.

4. 인수공통감염병

인수공통감염병이란 사람과 동물 간에 서로 전파되는 병원체에 의하여 발생되는 감염병으로 약 250여 종이 알려져 있다. 우리나라 감염병의 예방에 관한 법률에 근거한 인수공통감염병은 10종으로 장출혈성대장균, 일본뇌염, 브루셀라증, 탄저, 공수병, 동물인플루엔자인체감염증, 중증급성호흡기증후군SARS, 변종클로이츠펠트-야콥병vCJD, 큐열, 결핵이 있다.

1) 결핵

결핵Tuberculosis은 제2급감염병으로 분류되며, 결핵균에 의한 호흡기 전파 질환으로 밀접 접촉자의 약 30%가 감염되고, 감염자의 약 10%가 평생에 걸쳐 발병하는 것으로 알려져 있다. 우리나라에서는 지난 수십 년 동안 결핵 유병률과 발생률은 감소해 왔으나, 2019년 기준 OECD 회원국 중 결핵 발생률과 사망률이 가장 높다.

(1) 병원체

결핵균은 마이코박테리움 투베르쿨로시스*Mycobacterium tuberculosis*로 그람 양성 간균이며, 아포와 편모가 없는 호기성균이다. 건조에 저항력이 강하고 산, 알칼리, 알코올 및 항균제에도 저항력이 있으나 열과 일광에 약하여 직사광선을 수 분 쬐면 사멸한다. 결핵균에는 우형결핵균과 조류결핵균, 인형결핵균이 있으며 사람은 인형결핵균에 의해 발병되지만, 소의 우형결핵균이 감염된 우유나 유제품을 통하여 경구감염되기도 한다.

(2) 감염경로

인형결핵균은 결핵 환자나 보균자의 객담이나 비말로 균이 배출되어 주로 공기를 통한 비말로 감염되고, 우형결핵균은 우유나 분변으로 배출된 균에 오염된 우유나 유제품을 통하여 사람에게 감염된다.

(3) 잠복기 및 감염증상

결핵의 잠복기는 4~6주이며, 감염자의 약 10% 정도는 평생에 걸쳐 발병하게 되는 검염력이 매우 높은 질환이나 감염자 중 90% 정도는 잠복결핵 감염상태로 증상이 나타나지 않는다. 감염증상으로는 전신 피로, 체중 감소, 발열 등이 나타나고, 기침, 객혈, 호흡곤란 등 폐결핵 증상을 보이기도 하며, 폐의 섬유조직화 또는 석회화가 나타난다.

(4) 예방법

결핵은 질병 특성상 예방이 매우 어려운 질병이다. 결핵 예방접종(BGC 백신Bacille de Calmette-Guerin vaccine)은 결핵균의 감염과 일차병소의 형소는 방지하지 못하나 결핵으로의 진행은 예방할 수 있다. 흉부 X-선 검사, 투베르쿨린 검사, 흉부 CT 검사, 객담도말검사 및 배양검사, 인터페론 감마분비검사 등의 검사를 실시하여 잠복결핵 감염 여부를 진단하고 이에 따른 예방적인 치료도 필요하다. 또한 우유를 통한 우형결핵균 감염을 방지하기 위해 우유 살균을 철저히 해야 한다.

2) 탄저

탄저Anthrax는 제1급감염병으로 분류되며 인수공통감염병, 생물테러감염병으로 분류되기도 한다. 탄저는 소, 말, 양, 돼지 등 가축에 급성 패혈증을 일으키고, 감염된 동물의 부산물에 의해 인체가 감염되면 감염 부위에 따라 피부, 장, 폐에 심각한 질병을 일으킨다.

(1) 병원체

원인균은 바실러스 안트라시스*Bacillus anthracis*이고, 그람 양성 간균의 호기성균이다. 아포와 협막을 형성하는 탄저균의 아포는 열에 대한 저항력이 강하여 100℃에서 10분 이상 끓여야 사멸이 가능하며 일광에 대한 저항력이 강하여 자외선 조사에는 사멸하지 않으나 습열에서는 100℃에서 2~5분, 건열에서는 150℃에서 30~60분 정도 생존 가능하다.

(2) 감염경로

주로 가축과 축산물의 직접 접촉이 많은 축산업 종사자, 도살업자, 피혁업자 등은 피부 상처나 호흡기를 통하여 감염될 수 있다. 감염된 수육을 가열 조리하지 않고 섭취했을 때 경구감염될 수 있으나, 사람과 사람 사이의 전파는 거의 일어나지 않는다.

(3) 잠복기 및 감염증상

잠복기는 보통 5일 이내이며, 감염 시 피부, 장, 폐에 치명적인 증상을 나타낸다.

① 피부탄저 : 접촉에 의해 탄저균이 피부 상처로 침입하여 침입 부위에 악성 농포를 만들고 주위에 소양감, 부종, 수포성 궤양을 일으키며, 심할 경우 패혈증 및 수막염을 일으킨다.

② 장탄저 : 감염된 수육을 가열 조리하지 않고 섭취하면 경구를 통해 침입된 아포가 소장에서 증식하여 급성 염증을 일으키고 구토, 복통, 혈변 등의 증상이 나타나며 패혈증을 일으킨다.

③ 폐탄저 : 호흡기를 통하여 포자를 통한 진애를 흡입했을 때 감염된다. 감기와 비슷한 증상으로 시작되지만, 고열, 청색증, 호흡 곤란 등의 증상과 함께 패혈성 쇼크로 사망하는데 치명률은 100%이다.

(4) 예방법

탄저에 걸린 가축을 조기 발견하여 격리 치료해야 하며 도살장 위생관리 및 작업장 소독을 철저히 해야 한다. 가축의 예방접종 및 *B. anthracis*를 다루는 종사자들의 백신 예방접종을 한다.

3) 브루셀라증

브루셀라증Brucellosis은 파상열이라고도 하며 제3급감염병으로 분류된다. 척추동물의 만성감염을 유발하여 동물에게는 불임과 유산을, 사람에게는 열성질환을 일으킨다.

(1) 병원체

병원체에 따른 감염동물은 표 6-6과 같이 구분할 수 있으며, 브루셀라균속균은 그람 음성 간균으로, 아포를 형성하지 않는 호기성균이다. 열에 대한 저항력이 약하여 58℃에서 10~15분이면 사멸되므로 우유의 저온 살균 시 균이 사멸된다.

표 6-6 브루셀라증의 병원체 종류 및 감염동물

병원체	감염동물
Brucella melitensis	양, 염소, 낙타
Brucella abortus	소
Brucella suis	돼지
Brucella canis	개

(2) 감염경로

사람은 감염된 동물의 유즙, 유제품, 고기 등을 섭취함으로써 감염된 가축의 태반, 분비물 등에 있던 감염원이 피부 상처나 결막을 통해 경피감염되며, 비말을 통해서도 감염될 수 있다. 병원체 중에서 *B.melitensis*는 병원성이 가장 높고, 감염증상을 가장 심하게 나타낸다.

(3) 잠복기 및 감염증상

잠복기는 약 2~3주이고, 감염증상으로는 불규칙한 발열이 계속되어 평열을 보이다가 38~40℃의 고열을 보이기를 반복하며 2~3주간 지속적으로 나타나는데 이러한 증상을 파상열이라고 한다. 사람의 경우 감염되더라도 임상 증상이 나타나지 않는 경우도 많으나, 간이나 비장이 붓고 패혈증을 일으키기도 한다. 소, 양, 돼지 등에서는 만성 감염을 유발하여 자궁점막에 염증을 유발하고 불임과 유산을 일으킨다.

(4) 예방법

감염된 동물을 조기 발견하여 격리 치료하여야 하며 감염된 동물의 도살 후 소독을 철저히 하고, 감염된 동물의 혈액이나 소변 또는 조직에 피부 접촉을 피해야 한다. 또한 가축의 예방접종을 실시하고, 우유의 살균 및 수육의 가열조리도 철저히 하도록 한다.

4) 돈단독증

돈단독Swine erysipelas은 돼지의 패혈증을 일으키는 돼지감염병으로 소, 말, 양, 닭, 쥐에서도 발병 가능하며, 가끔 사람에게도 감염된다.

(1) 병원체

원인균인 돈단독균*Erysipelothrix rhusiopathiae*은 그람 양성 간균으로 아포와 협막이 없고 편모가 없는 통성혐기성균이다. 열에 대한 저항력이 약하여 56℃에서 10분이면 사멸되고,

석탄산과 건조한 환경에 저항성이 강하다.

(2) 감염경로

사람은 돼지 등 가축의 고기, 장기 또는 이환동물을 취급할 때 피부 상처를 통하여 감염되거나 경구로 감염된다. 돈단독균은 돼지의 편도에 잠복하고 있으며 분변과 오줌, 침을 통해 균을 배출하여 감염을 일으키게 된다. 돼지의 경우 소화기 감염에 의하여 피부의 상처 부위나 코 점막으로 침입하는 경우가 있다.

(3) 잠복기 및 감염증상

잠복기는 24~48시간 정도이고, 감염증상은 병원균 침입 부위가 빨갛게 붓고 40℃의 고열 증상이 나타나며 임파절에 염증이 생기고, 중증의 경우 패혈증으로 사망한다.

(4) 예방법

이환동물을 조기 발견하여 격리 치료하는 것으로 감염을 예방할 수 있으며 소독을 철저히 하고 백신 접종으로 예방 가능하다.

5) 야토병

야토병Tularemia은 제1급감염병으로 분류되며 생물테러감염병으로 분류되기도 한다. 토끼류나 설치류 동물 사이에 유행하며 성별, 인종, 연령에 관계없이 모든 사람에게 감염될 수 있다.

(1) 병원체

자연상태의 흙이나 물에 존재한다. 원인균은 야토균*Francisella tularensis*이며, 그람 음성 간균으로 협막이 있는 호기성균으로 열에 대한 저항력이 약하여 56~58℃에서 10분이면 사멸한다.

(2) 감염경로

야토균은 산토끼나 사향쥐, 다람쥐 등에 기생하는 진드기, 이, 벼룩 등에 의해 전파되어 동물에게 감염되고, 사람은 감염된 산토끼의 혈액, 오줌, 가죽 등을 직접 만지거나 조리할 때 손의 점막이나 상처를 통해 경피감염된다. 또한 충분히 가열 조리하지 않은 고기를 섭취함으로써 경구감염되기도 한다.

(3) 잠복기 및 감염증상

잠복기는 최대 14일 이내이며, 감염 후 첫 증상은 보통 3~5일에 사이에 나타난다. 오한, 두통, 발열 등의 감염증상이 나타나며 피부에 농포와 궤양이 생기고 국소적으로 임파선이 붓는다. 또한 눈에는 악성결막염 증상이 나타난다.

(4) 예방법

진드기에 물리거나 사슴파리 같은 흡혈곤충에 노출되지 않도록 하고, 수렵가, 식육 취급자나 피혁 취급자는 손의 상처를 통하여 경피감염될 수 있으므로 특히 주의해야 한다.

6) 렙토스피라증

렙토스피라증Leptospirosis은 제3급감염병으로 분류되며 열대지방 우기에서 비교적 많이 발생한다. 우리나라에서는 9~11월 농촌지역에서 주로 발생하는 급성 발열성 질환이다.

(1) 병원체

렙토스피라균*Leptospira species*이 원인균으로 소, 돼지, 들쥐, 개 등 이 균에 감염된 동물의 오줌에 오염된 물이나 풀, 토양 또는 음식에 의해 감염된다. 건조에 대한 저항력과 약품에 대한 저항력이 약하여 건조 또는 염소 소독에 의해 사멸된다.

(2) 감염경로

감염된 동물의 오줌에 오염된 풀, 물, 토양, 음식 등과 접촉할 때 피부 점막이나 피부에 난 상처를 통해 감염된다. 동물과 접촉이 많은 직업을 가진 사람은 발병 가능성이 높은 고위험군이며, 홍수 후 추수기에 농촌에서 벼 베기 작업으로 인하여 집단 발생이 가능하다.

(3) 잠복기 및 감염증상

잠복기는 평균 5~7일이고 감염 시 무증상이 많고 가벼운 감기 증상부터 고열과 오한, 두통, 근육통이 나타나고, 황달을 동반하는 중증이 나타나거나 신부전 또는 사망에 이르기도 한다.

(4) 예방법

쥐가 서식하지 못하도록 철저한 구제를 하고 들쥐 배설물의 접촉을 금지해야 하며, 풀밭 위에 눕지 말고 손과 발의 개인위생관리가 필요하다. 홍수 뒤 벼 세우기 작업을 할 때에는 피부가 노출되지 않도록 장갑, 긴 장화, 긴 옷 등을 착용하고 작업해야 한다.

7) 광우병

1986년 영국에서 최초로 보고된 광우병은 소 뇌의 특정 부분이 스펀지(해면상)처럼 변형되어 각종 신경증상을 보이다가 폐사하므로 소해면상뇌증Bovine spongiform encephalopathy, BSE이라고 한다. 인간광우병은 변종크로이츠펠트-야콥병varient Creutzfeldt Jacob Disease, vCJD으로 제3급감염병으로 분류된다.

(1) 병원체

변형프리온prion 단백질이 병원체이며, 프리온은 핵산을 포함하지 않는 단백질로 정상적인 동물이나 사람의 뇌에 존재한다.

(2) 감염경로

크로이츠펠트-야콥병 환자의 뇌에서 변질된 변형프리온이 발견되며 신경세포의 프리온 구조가 바뀌어 해로운 단백질로 변하고, 변형프리온은 뇌신경세포를 파괴하여 스펀지 모양의 병변을 만든다. 인간광우병은 병에 걸린 쇠고기를 사람이 섭취하여 질병에 걸린 소와 유사한 증상을 나타내게 된다.

(3) 잠복기 및 감염증상

소 감염의 경우 잠복기는 2.5~5년 정도이며, 사람의 경우 약 10~12년 정도이나 30~50년 정도일 수도 있는 것으로 추정한다. 감염증상으로 동물의 뇌조직에 스폰지처럼 구멍이 생기게 되는데 신경 손상에 의해 점차 퇴행적인 질병을 앓다가 폐사하게 된다. 인간광우병도 동물과 유사하게 초기에는 기억력 감퇴 증상이 나타나고, 사망 즈음에는 전신마비 증상이 나타난다.

(4) 예방법

인간광우병에 대한 치료제나 백신이 존재하지 않으므로 소에게 주는 사료가 오염되지 않도록 철저히 관리하여 변형프리온 감염으로 발병하는 소의 질병을 예방해야 한다.

CHAPTER 7

기생충 감염병 및 위생동물

1. 기생충 감염병 개요 / 2. 육류로부터 감염되는 기생충 / 3. 어패류로부터 감염되는 기생충
4. 채소류로부터 감염되는 기생충 / 5. 위생동물 및 위생곤충

1. 기생충 감염병 개요

기생충은 다른 생물체에 서식하면서 생활하는 기생체로 크게 연충과 원충으로 분류하며 그 종류는 표 7-1과 같다. 연충helminths 은 조직과 기관이 발달된 다세포 기생충을 총칭한 것으로 인체 내 기생하는 것은 흡충류, 조충류, 선충류이다. 원충protozoa은 운동성을 가진 단세포 동물로 대부분 자유 생활을 하지만 일부 포자충류, 편모충류, 근족충류, 섬모충류는 인체 내 기생한다. 이들은 주로 육류, 어패류, 채소류 등 식품을 통해 인체 감염을 일으키고 체내에서 소화기 등에 기생하면서 조직의 손상과 염증을 유발한다. 감염경로에 따른 기생충의 종류 및 숙주는 표 7-2와 같다.

표 7-1 기생충의 분류와 종류

기생충		종류
연충	흡충류	간흡충, 폐흡충, 장흡충, 주혈흡충
	조충류	무구조충, 유구조충, 광절열두조충, 스파르가눔
	선충류	선모충, 아니사키스(고래회충), 회충, 구충, 요충, 편충, 유구악구충
원충	포자충류	톡소포자충, 말라리아원충
	편모충류	람불편모충
	근족충류	이질아메바
	섬모충류	대장섬모충

표 7-2 감염경로에 따른 기생충의 종류 및 숙주

감염경로	기생충의 종류	중간숙주		최종숙주
		제1중간숙주	제2중간숙주	
육류	무구조충	소		사람
	유구조충	돼지		사람
	선모충	돼지, 곰, 사슴, 멧돼지		사람
	톡소포자충	고양이, 쥐		고양이, 개, 쥐, 양, 토끼

(계속)

감염경로	기생충의 종류	중간숙주		최종숙주
		제1중간숙주	제2중간숙주	
어패류	간흡충	패류(쇠우렁이)	담수어(참붕어, 잉어)	사람과 포유동물
	폐흡충	다슬기	민물갑각류(참게, 참가재)	사람
	장흡충	다슬기	담수어(은어, 연어, 잉어), 기수어류[1](농어, 숭어)	사람
	광절열두조충	물벼룩	연어, 송어, 농어	사람과 포유동물
	아니사키스(고래회충)	해산갑각류[2](크릴새우)	해산어류 및 연체류[2] (대구, 고등어, 갈치, 오징어)	해산포유류(고래)
	유극악구충	물벼룩	민물어류 (가물치, 뱀장어, 미꾸라지)	개, 고양이
채소류	회충	-		사람
	십이지장충	-		사람
	편충	-		사람
	요충	-		사람

[1]기수어류: 강과 바다가 만나는 곳을 기수라고 하며 이곳에서 서식하는 어류를 기수어류라고 함

[2]연장숙주: 최종 숙주에 도달하기 전까지 시기를 연장하는 데 기여하는 숙주를 말하며 성장하는 데는 기여하지 않음

2. 육류로부터 감염되는 기생충

1) 무구조충

무구조충*Taenia saginata*은 쇠고기를 통하여 인체에 감염되므로 쇠고기촌충beef tapeworm이라고 하며 성충의 머리 부분에 갈고리가 없어서 민촌충이라고도 한다. 성충은 머리 부분에 4개의 흡반이 있고 평균 길이가 5 m 이하이지만 25 m까지 성장할 수 있으며 1,000~2,000개의 편절이 있다.

무구조충의 생활사는 그림 7-1과 같다. 무구조충에 감염된 사람의 분변과 함께 충란 또는 수태편절이 배출되는데, 외부 환경에서 충란은 며칠 또는 몇 달 동안 생존이 가능하다. 소

가 충란에 오염된 사료 섭취로 감염되면 소의 장에서 육구유충으로 부화한 후 장벽을 뚫고 근육조직으로 이행하여 무구낭미충으로 발육한다. 이것은 약 60일이 지나면 감염력을 갖게 되고 소의 체내에서 수년 동안 생존 가능하며 사람이 낭미충에 감염된 쇠고기를 날 것 또는 덜 익힌 상태로 섭취할 경우 감염된다. 최종숙주인 사람의 소장에서 2개월 이상 성장 후 성충이 되어 무구조충증Taenia saginata taeniasis을 유발한다.

감염 증상으로는 복통, 소화불량, 오심, 구토, 빈혈 등이 있으나 대개 증상이 없거나 가볍게 나타나므로 감염을 인지하지 못할 수 있다. 감염을 예방하기 위해서는 쇠고기의 위생검사를 철저히 하고 충분히 익혀 먹어야 하며 감염 시에는 구충제를 복용해야 한다.

2) 유구조충

유구조충*Taenia solium*은 돼지고기를 통하여 인체에 감염되므로 돼지고기촌충pork tapeworm이라고 하며 성충의 머리 부분에 갈고리가 있어서 갈고리촌충이라고도 한다. 성충은 머리 부분에 4~6개의 흡반이 있고 평균 길이는 2~7 m로 약 1,000개의 편절이 있다.

유구조충의 생활사는 그림 7-1과 같다. 유구조충에 감염된 사람의 분변과 함께 충란 또는 수태편절이 배출되고, 충란에 오염된 사료를 돼지가 섭취할 경우 감염된다. 돼지의 장에서 충란은 육구유충으로 부화한 후 장벽을 뚫고 근육조직으로 이행하여 유구낭미충으로 발육하며, 이것은 돼지의 체내에서 몇 년 동안 생존이 가능하다. 최종숙주인 사람이 낭미충에 감염된 돼지고기를 날 것 또는 덜 익힌 상태로 섭취하면 감염되며, 사람의 소장에서 2개월 이상 성장 후 성충이 되어 유구조충증Taenia solium taeniasis을 유발한다. 사람이 분변과 함께 배출된 충란을 직접 섭취하거나 인체 내에서 성충의 수태편절이 파괴되어 유리된 충란에 의해 자가감염되기도 하는데, 소장에서 충란이 탈각하여 육구유충으로 부화 후 혈액을 통해 이행하여 피하조직, 간, 심장, 뇌 등에서 낭미충으로 발육하는 인체유구낭미충증 cysticercosis cellulosae hominis을 유발하기도 한다.

유구조충증의 증상은 복통, 소화 불량, 오심, 구토, 빈혈 등이 있으나 대개 증상이 없거

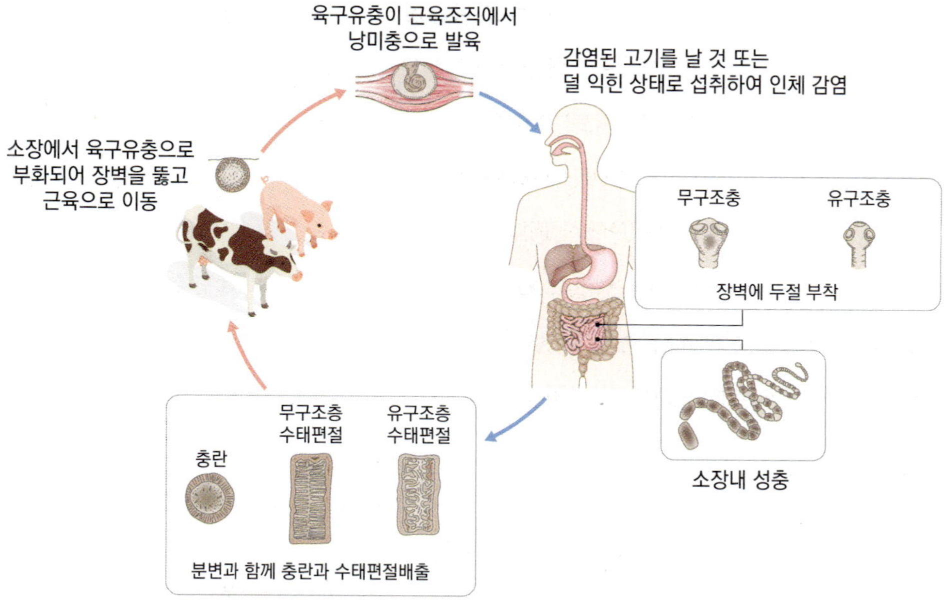

그림 7-1 **무구조충, 유구조충의 생활사**

출처 : CDC

나 감염을 인지하지 못할 수 있고, 인체유구낭미충증 또한 무증상일 수 있으나 이행된 부위에 결절이 생길 수 있으며 뇌와 척수에 감염되어 수년 후 간질 발작을 일으킬 수도 있다. 이러한 감염을 예방하기 위해서는 돼지고기의 위생검사를 철저히 하고 충분히 익혀 먹어야 한다. 감염 시에는 구충제를 복용해야 하며, 유구낭미충증으로 인한 외과적 수술이 필요할 수 있다.

3) 선모충

선모충*Trichinella spiralis*은 척추동물 숙주 내에서 성충과 유충이 발달하며 감염된 동물은 숙주 역할을 한다. 사육동물 내 감염은 주로 돼지와 쥐에 의해 일어나고 말과 같은 다른 사육동물에 의해서도 감염될 수 있다. 야생동물 내에서는 포식하거나 죽은 고기를 섭취함으로써 감염이 일어나며 감염 동물의 범위는 매우 넓다. 그 중에서 사람의 감염원과 관련된 야생동물로는 곰, 사슴, 멧돼지 등이 있다. 사람이 선모충의 피낭유충을 함유한 고기를 날 것 또는 덜 익힌 상태로 섭취함으로써 발병하는 감염병을 선모충증trichinellosis이라고 한다.

선모충의 생활사는 그림 7-2와 같다. 사람이 피낭유충을 함유한 덜 익은 고기를 섭취하면 인체 내에서 피낭유충은 위산과 펩신에 노출된 후 유리되어 소장 점막에서 성충이 되는데, 암컷은 길이가 약 2.2 mm이고 수컷은 약 1.2 mm이다. 소장 내에서 성충의 수명은 약 4주이며, 1주일이 지나면 암컷은 유충을 소장 내로 방출한다. 유충은 근육조직으로 이행하여 피낭유충의 형태로 인체 내에 존재한다.

선모충증의 초기 증상으로 메스꺼움, 구토, 설사, 복부 통증 등이 나타나고 그 후 발열, 근육통, 빈혈 또는 폐렴을 수반하며 증상이 심한 경우 사망하기도 한다. 이를 예방하기 위해서는 돼지고기 도축장에서 감염 여부를 철저히 검사하고 돼지고기와 돼지고기 훈제품을 충분히 익혀서 섭취하도록 한다.

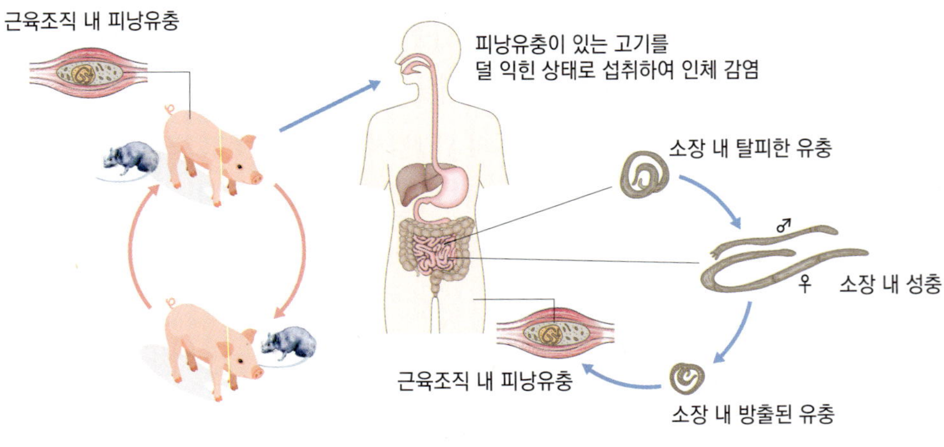

그림 7-2 선모충의 생활사

출처 : CDC

4) 톡소포자충

톡소포자충*Toxoplasma gondii*은 사람, 소, 돼지, 원숭이, 개 쥐, 토끼 등의 포유동물과 참새, 닭 등의 조류를 감염시켜 톡소플라즈마증toxoplasmosis을 일으키는 원충이다.

톡소포자충의 생활사는 그림 7-3과 같다. 감염된 고양이의 체내에 있는 낭포체oocysts는 배설물과 함께 보통 1~3주 동안 다량으로 배출되고 감염되기까지 1~5일이 걸린다. 새와 설치류 등의 중간숙주는 낭포체에 오염된 토양, 물 또는 식물을 섭취한 후 감염되고 최종숙주인 고양이는 신경조직과 근육조직 내 조직 낭종을 가진 중간숙주를 먹은 후에 감염되거나 산발된 낭포체를 섭취하여 직접 감염될 수 있다. 돼지나 양과 같은 사육동물들은 환경에 널리 퍼져있는 낭포체를 섭취한 후 조직 낭종에 감염될 수 있다.

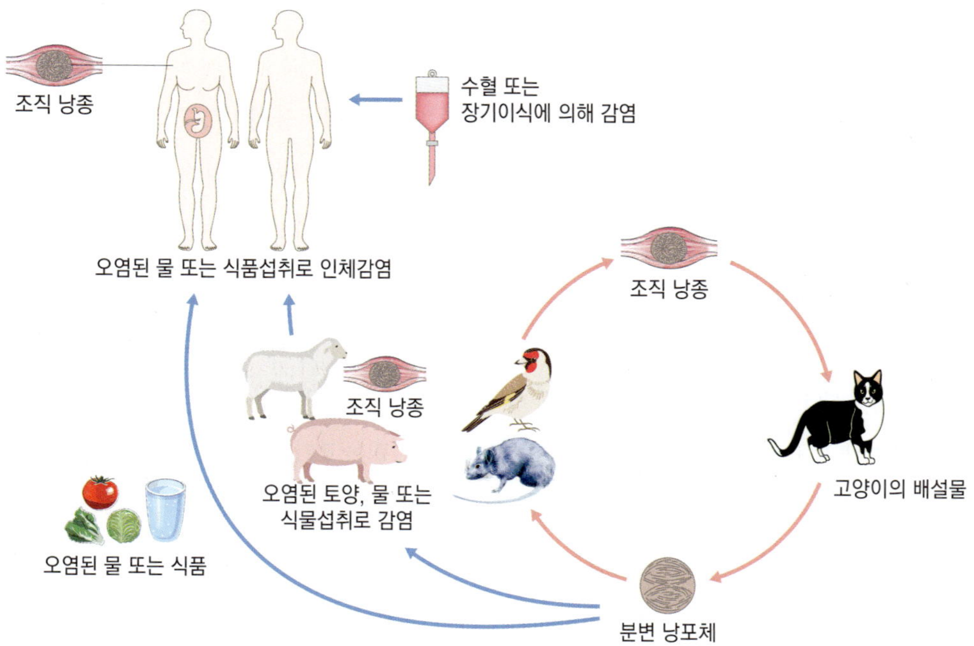

그림 7-3 톡소포자충의 생활사
출처 : CDC

사람은 조직 낭종이 있는 덜 익은 고기를 섭취하거나 고양이의 배설물에 오염된 음식이나 물 섭취, 수혈 또는 장기이식, 산모에서 태아로 수직감염 등으로 감염될 수 있으며 인체 내 골격근, 심근, 뇌, 눈 등에서 조직 낭종을 형성하여 평생 인체 내에 남아있을 수 있다. 톡소플라즈마증을 예방하기 위해서는 덜 익힌 고기의 섭취를 피하고 고양이의 배설물에 물이나 식품이 오염되지 않도록 해야 한다.

3. 어패류로부터 감염되는 기생충

1) 간흡충

간흡충*Clonorchis sinensis*은 간디스토마라고도 하며 몸길이가 10~25 mm인 버들잎 모양의 담홍색 기생충으로 인체의 담관에 기생한다.

간흡충의 생활사는 그림 7-4와 같다. 감염된 사람 또는 야생동물의 대변과 함께 배출된 엷은 갈색을 띠는 참깨모양의 충란이 하천에 유입되면 물속에서 부화하여 유모유충(융모가 달린 유충)miracidia이 된다. 이것은 제1중간숙주인 쇠우렁이 등의 패류에 유입되어 포자낭유충sporocysts, 레디아유충rediae, 유미유충(꼬리가 달린 유충)ercariae 단계로 성장한 후 유리된다. 유미유충은 제2중간숙주인 붕어, 잉어 등의 민물고기 피부를 관통하여 체내로 들어가서 피낭유충metacercariae 형태로 성장 후 근육 내에서 기생한다. 사람이 피낭유충을 함유한 자연산 민물고기를 생식하거나 젓갈 또는 훈제 민물고기를 섭취하는 경우 감염되며 인체로 들어온 피낭유충은 소장에서 탈낭 후 성충으로 성장한다. 인체 내에서 25~30년까지도 생존이 가능한 간흡충은 사람의 간, 담낭, 담즙관을 감염시켜 간흡충증을 유발하며 그 수가 적을 때에는 별다른 감염증상이 나타나지 않지만 많을 때에는 복통, 식욕 부진, 피로감을 느끼게 하고, 담도가 막혀 담즙이 혈액으로 흡수되어 황달이 나타나는 등 심각한 증상과 함께 간염, 간암, 간경화 등의 질병을 일으킬 수 있다. 간흡충에 의한 감염을 예방하

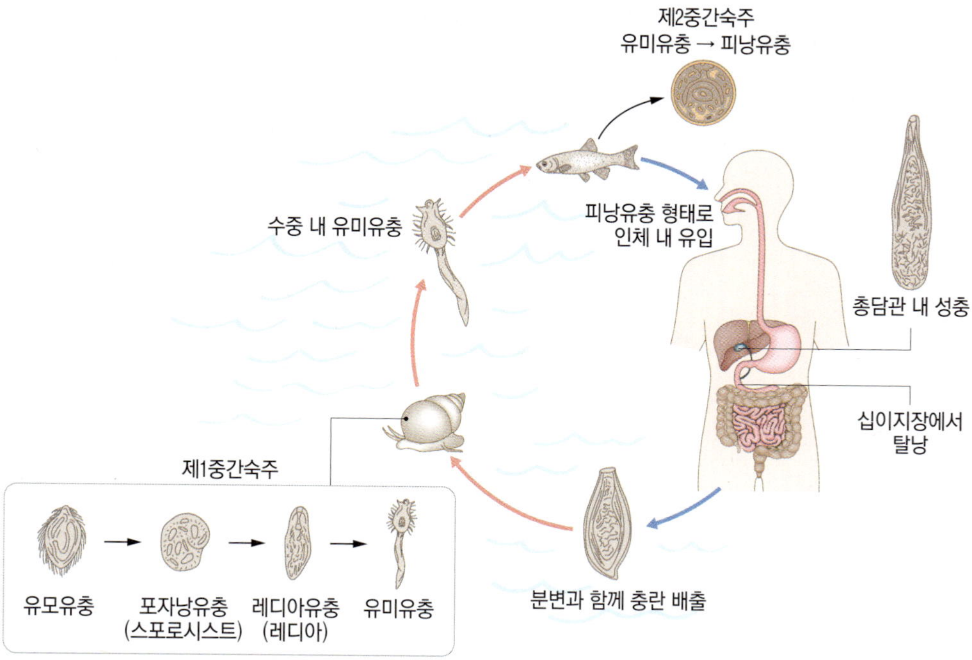

그림 7-4 간흡충의 생활사
출처 : CDC

기 위해서 쇠우렁이와 민물고기 등은 충분히 익혀서 섭취하고, 조리기구는 사용 후 철저히 세척·소독하여 2차 오염을 방지해야 한다.

2) 폐흡충

폐흡충*Paragonimus westermani*은 폐디스토마라고도 한다. 폐흡충의 생활사는 그림 7-5와 같다. 객담이나 대변으로 나온 충란은 물속에서 부화하여 유모유충이 된다. 유모유충의 형태로 제1중간숙주인 다슬기의 체내로 유입되어 포자낭유충(스포로시스트), 레디아유충(레디아), 유미유충 단계로 발육한 후 물 속으로 탈출하여 떠다닌다. 물 속에서 제2중간숙주인 게나 가재 같은 민물 갑각류의 체내로 들어가 근육이나 내장에서 피낭유충의 형태로 기생

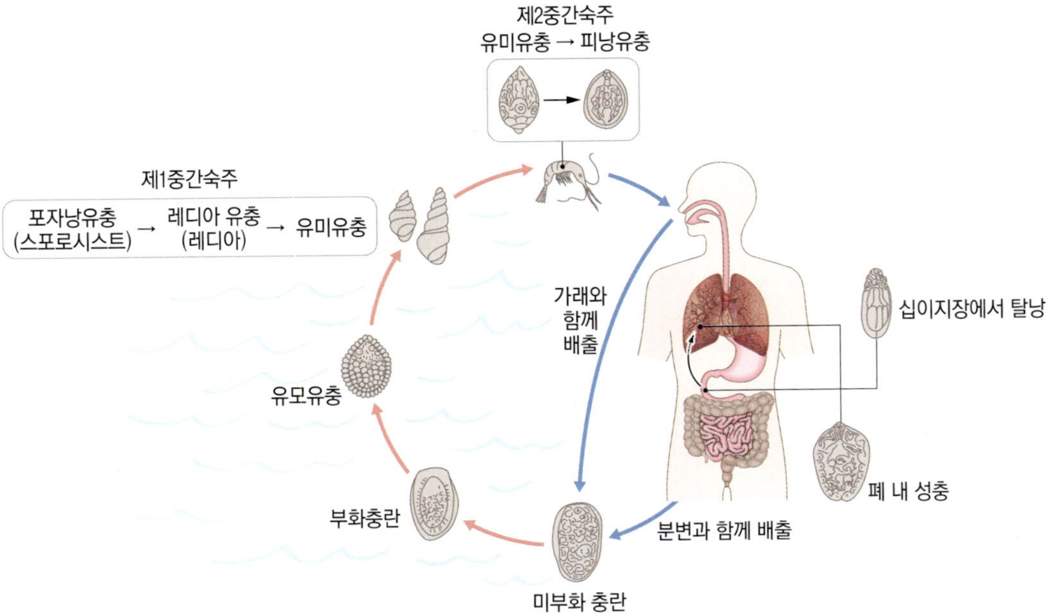

그림 7-5 폐흡충의 생활사
출처 : CDC

한다 그림 7-5. 피낭유충이 있는 민물 갑각류를 종숙주인 사람이 섭취했을 때 인체 내 소장에서 탈낭 후 장벽, 복강, 횡경막, 흉강을 통해 폐로 이동하여 흉강, 복강, 피하조직에도 기생하는데 폐에 기생할 경우 폐결핵과 유사한 증상을 보인다. 폐흡충에 대한 감염을 예방하기 위해서 민물 갑각류 생식을 금지하고, 조리기구 사용 후 철저한 소독으로 2차 오염을 방지해야 한다.

3) 장흡충

장흡충*Metagoniuus*은 요코가와흡충이라고도 하며, 인체 내 기생하는 흡충류 중 가장 작은 흡충으로 모양이 간흡충과 비슷하다. 충란은 담갈색으로 분변과 함께 배출되어 장흡충

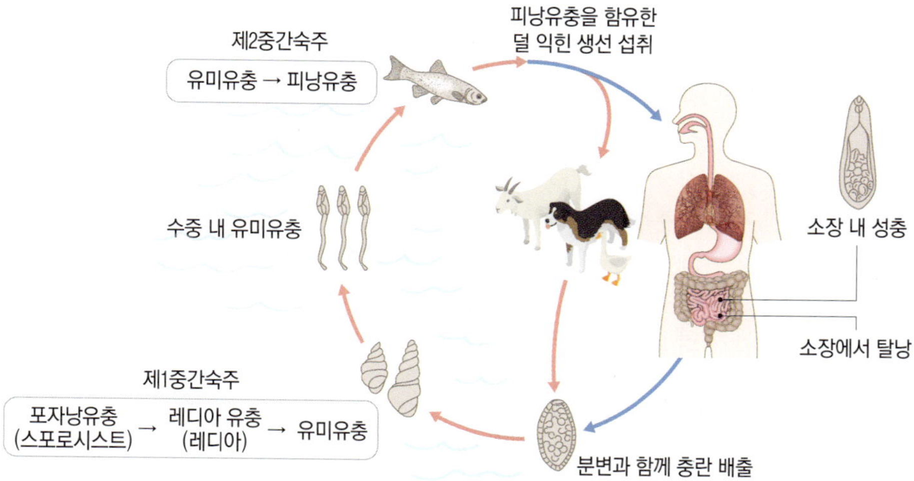

그림 7-6 장흡충의 생활사
출처 : CDC

의 생활사는 그림 7-6과 같이 간 및 폐흡충과 유사한 생활사를 보이는데, 충란은 담갈색으로 분변과 함께 배출되어 유미유충의 형태로 제1중간숙주인 다슬기의 체내에 들어가 포자낭유충(스포로시스트), 레디아유충(레디아), 유미유충 단계로 성장한다. 제2중간숙주인 은어나 잉어 등 민물어류의 체내에서 피낭유충으로 성장하며, 사람, 개, 고양이, 돼지 등 육식동물과 조류 등은 피낭유충을 함유한 덜 익힌 민물어류를 통해 감염되고, 체내로 유입된 피낭유충은 탈피 후 공장에서 기생한다 그림 7-9. 감염증상으로 위장장애와 점막 염증, 설사, 복통, 빈혈 등을 일으킨다. 장흡충 감염을 예방하기 위해서 민물어류의 생식을 금지하고 감염 시에는 구충제를 복용해야 한다.

4) 광절열두조충

광절열두조충*Dipyllobothriid Tapeworms*은 인체에 기생하는 조충류 중 가장 길어 긴촌충이라고도 하며 성충은 10 m까지 자란다. 광절열두조충의 생활사는 그림 7-7과 같다. 곤봉 모양

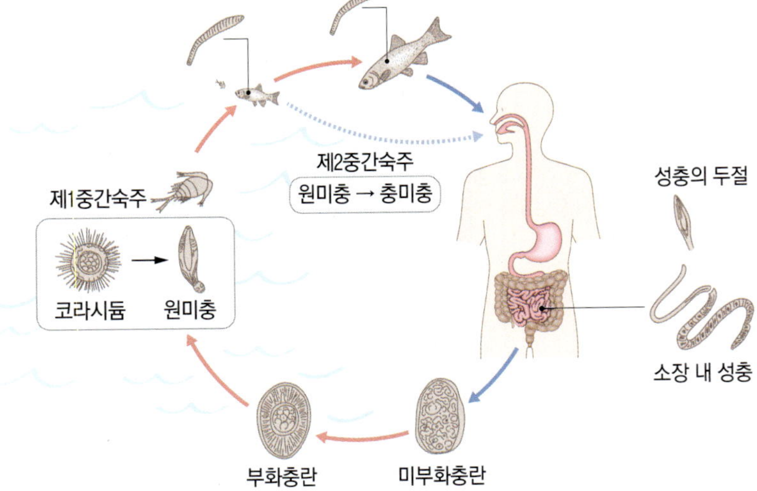

그림 7-7 광절열두조충의 생활사
출처 : CDC

의 두절이 있고, 2개의 흡구가 있어 장점막에 흡착하여 고정한다. 충란이 분변을 통하여 배출된 후 물 속에서 부화하여 제1중간숙주인 물벼룩이 섭취한 후 제2중간숙주인 담수어(연어, 송어, 농어 등)가 물벼룩을 먹음으로써 감염된다 그림 7-7. 감염된 담수어를 사람이 섭취하면 인체 내 소장에서 성충이 되어 기생하고, 증상으로는 복통, 설사, 빈혈 등이 나타난다. 광절열두조충 감염을 예방하기 위해서 담수어의 생식을 피해야 한다.

5) 아니사키스

아니사키스*Anisakis*는 고래회충이라고도 하며, 해산포유류가 종말숙주이다. 아니사키스의 생활사는 그림 7-8과 같다. 해산포유류로부터 배출된 충란은 바닷물 속에서 부화하여 3기유충이 되고, 제1연장숙주인 크릴새우 등의 해산갑각류에 섭취된 후 제2연장숙주인 해산어류 및 연체류(대구, 고등어, 갈치, 오징어 등)에 섭취되고, 이렇게 아니사키스 유충이 있는

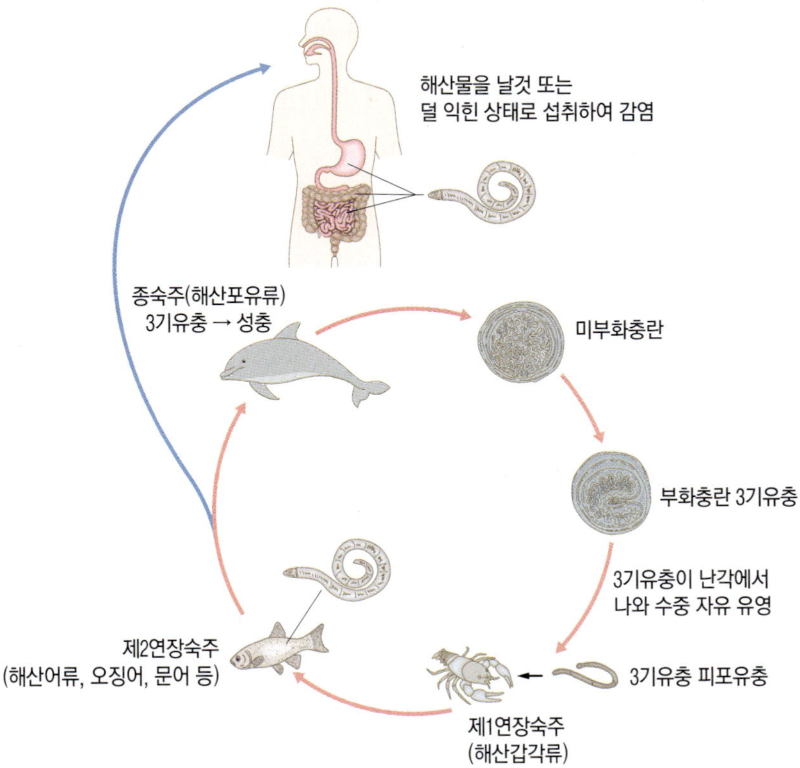

그림 7-8 아니사키스의 생활사
출처 : CDC

해산어류를 해산포유류가 섭취하게 되면 3기유충이 종숙주의 위벽에서 성충이 된다. 사람의 경우 해산어류의 생식을 통해 감염이 될 수 있으나 인체 내에서는 성충이 되지 못한다 그림 7-8. 증상으로는 복통, 메스꺼움, 구토 등을 유발하며 인체 내 위장벽에 유충이 기생하여 육아종을 형성할 수 있다. 예방법으로는 해산어류의 생식을 금지하고 반드시 익혀 먹도록 한다.

6) 유극악구충

유극악구충*Gnathostoma*은 포유동물의 장벽에 종양을 형성하는 큰 선충이다. 유극악구충의 생활사는 그림 7-9와 같다. 충란을 배출하면 물속에서 유충으로 부화하고, 제1중간숙주인 물벼룩에서 1기유충이 초기3기유충으로 2번 탈피한다. 제2중간숙주인 민물어류(가물치, 뱀장어, 미꾸라지 등)에서는 초기3기유충이 후기3기유충으로 성장한다. 개나 고양이 등이 종말숙주이지만, 닭, 오리, 돼지 등과 같은 동물이 제2중간숙주의 섭취로 감염될 수 있다. 인체 감염경로는 제2중간숙주인 가물치, 뱀장어, 미꾸라지 등을 섭취함으로써 경구감

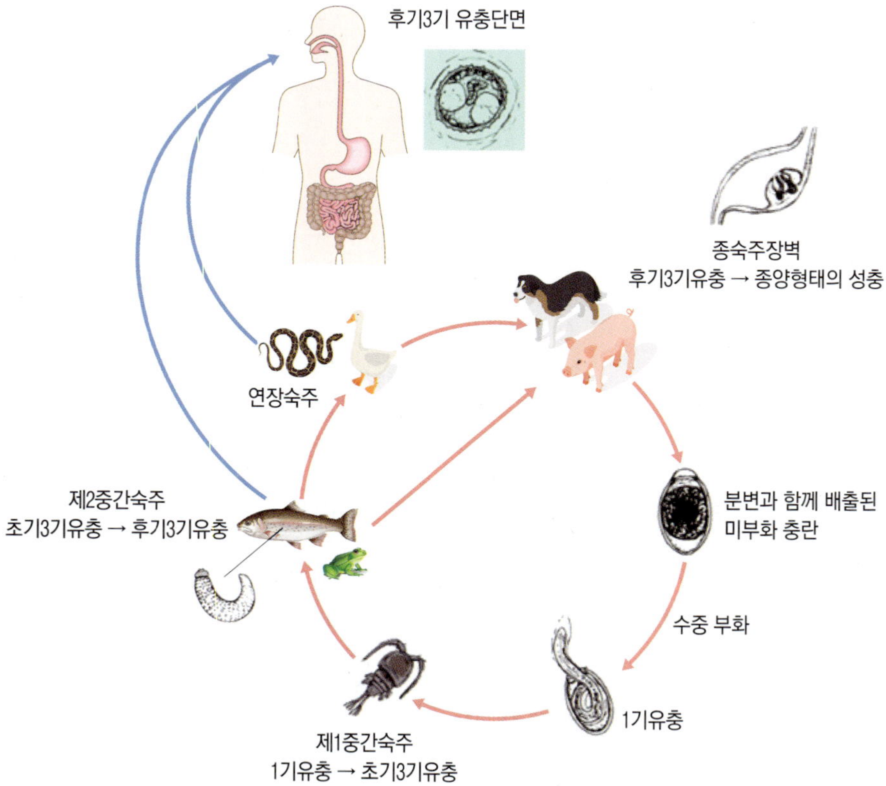

그림 7-9 유극악구충의 생활사

출처 : CDC

염되거나 제2중간숙주를 섭취한 돼지고기나 닭고기를 통해서 감염될 수 있다 그림 7-9. 감염증상으로는 피부 발적과 가려움증이 나타나며 피부 종양을 유발하기도 한다.

4. 채소류로부터 감염되는 기생충

1) 회충

회충*Ascaris lumbricoides*은 사람의 장내에서 기생하는 선충류 중 가장 큰 것으로 수컷은 10~31 cm, 암컷은 22~35 cm 정도이다. 회충의 생활사는 그림 7-10과 같다. 체내 경구감염되면 소장 상부에서 부화하여 유충이 되어 간문맥과 심장을 거쳐 폐로 이동하고, 폐에 도

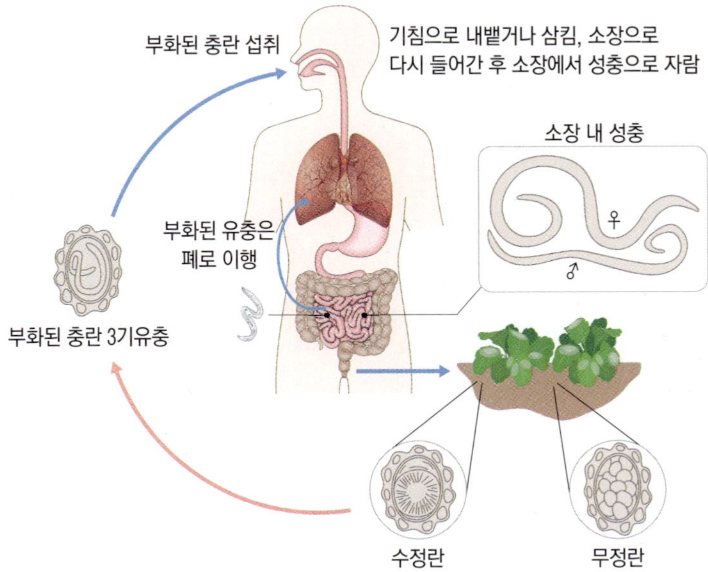

그림 7-10 회충의 생활사

출처 : CDC

달 후 기도, 식도, 위를 통해 소장으로 이동하여 성충이 된다 그림 7-10. 소량으로는 감염증상을 나타내지 않는 경우도 있으나 식욕 부진, 체중 감소, 구토, 폐렴과 심한 기침 증상을 보이기도 한다. 충란은 65℃에서 10분 이상 가열하면 사멸하므로 채소를 가열하여 섭취하거나 차아염소산용액으로 소독한 후 물로 세척하여 섭취하면 회충 감염을 예방할 수 있다.

2) 구충

구충*Intestinal Hookworm*의 종류에는 두비니구충(십이지장충)*Ancylostoma duodenale*, 세일론구충*Ancylostoma ceylanicum*, 아메리카구충*Necator americanus*이 있으며 구충의 생활사는 그림 7-11과 같다. 인체 내에서 분변과 함께 배출된 충란은 부화하여 간상유충을 거쳐 사상유충 형태로 피부를 통하여 인체 내 유입되면 정맥을 통해 심장, 폐에 도달 후 기도, 식도, 장관으로 이동하여 성충으로 자란다 그림 7-11. 소장 상부, 특히 공장 상부에 기생하는 성충은 흡혈하고, 수컷 약 5~11 mm, 암컷 약 9~13 mm 정도까지 자란다. 감염증상으로

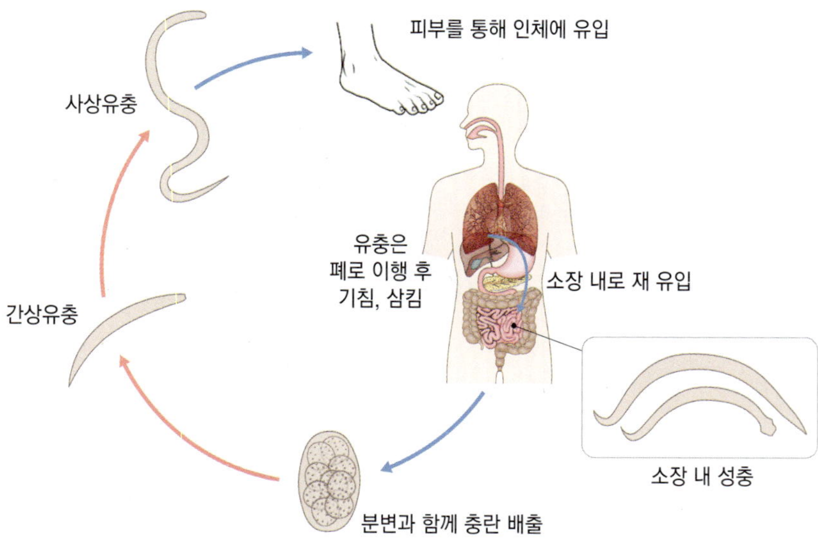

그림 7-11 구충의 생활사
출처 : CDC

는 계속적인 출혈로 빈혈과 소화장애 및 신체 발육장애가 나타날 수 있으며, 소양감, 홍반, 구진, 피부염 및 알레르기와 천식성 기침을 동반할 수 있다. 또한 오염된 식품을 통하여 한꺼번에 많은 사상유충이 경구로 감염되면 채독증이 발생하므로, 채소는 소독과 세척 후 섭취하거나 가열 조리하여 섭취하여야 한다.

3) 편충

편충whipworm은 수컷 30~45 mm, 암컷 35~50 mm 정도로, 앞쪽은 채찍과 같이 가느다란 모양을, 뒤쪽은 굵은 모양을 띠고 있다. 충란이 인체 내 경구감염되면 소장 상부에서 부화 후 맹장으로 이동하여 기생한다 그림 7-12. 감염증상은 주로 무증상이나 설사, 복통, 오심, 구토, 빈혈 및 체중 감소 등이 나타나고, 예방법은 회충과 유사하다.

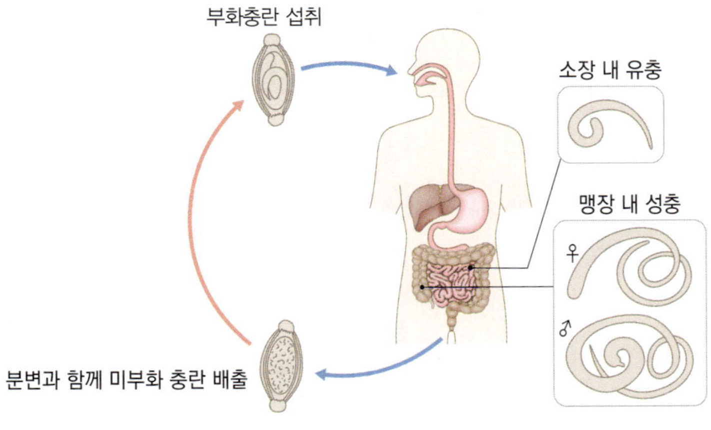

그림 7-12 편충의 생활사
출처 : CDC

4) 요충

요충pinworm은 소형 기생충으로 성충의 수컷은 2~5 mm, 암컷은 8~13 mm이다. 요충의 생활사는 그림 7-13과 같다. 인체의 맹장 내에서 기생하며 밤에는 항문 주위로 나와 산란한다 그림 7-13. 수 시간이면 감염 가능하고, 성충은 항문 근처를 기어다녀 매우 가렵고 손으로 긁게 되며, 오염된 손을 거쳐 경구감염되므로 어린이에게 감염률이 높고 자가 감염이 가능하다. 증상은 항문 주위 소양감, 습진, 피부염, 불면증, 신경증 등이 나타난다. 예방법으로 가족 모두 구충을 하는 것이 중요하며, 손 위생을 철저히 하고 항문 근처, 속옷 등을 항상 깨끗하게 한다.

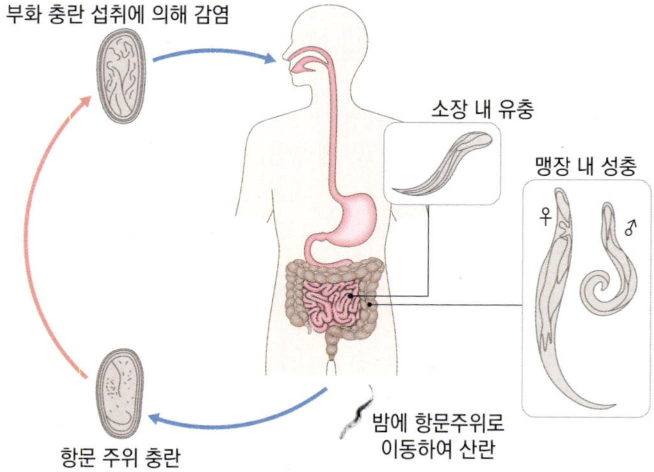

그림 7-13 요충의 생활사
출처 : CDC

5. 위생동물 및 위생곤충

식품위생상 관련이 있는 대표적인 위생동물로는 쥐가 있으며, 대표적인 위생곤충으로는 파리, 바퀴, 진드기 등이 있다. 이들은 병원미생물을 매개하여 인체에 감염증을 유발하여 건강상의 위해를 줄 수 있다.

1) 쥐

식품위생상 문제가 되는 쥐는 시궁쥐(집쥐), 곰쥐(지붕쥐), 생쥐 등이 있다 표 7-3. 쥐는 연간 5~6회 임신을 하며, 약 3주(21일)의 임신기간을 갖는다. 1회에 약 5~12마리 새끼를 낳으며 생후 2~3개월이면 성체로 성장하고 평균 수명은 약 2.5~3년 정도된다. 잡식성이며 야행성이고 청각·후각·촉각은 매우 발달하였으나 색맹이다.

쥐로 인하여 발생하는 감염병 중 병원체가 세균인 것은 렙토스피라증, 페스트, 서교증, 살모넬라 식중독 등이 있고, 병원체가 리케차인 것은 발진열, 쯔쯔가무시증 등이 있으며, 선모충 등 기생충을 매개하여 감염을 일으키기도 한다.

쥐의 구제방법으로는 환경여건을 개선하여 쥐가 내부로 들어오지 못하도록 하거나 먹이와 서식지를 제거하고 쥐덫, 쥐틀, 끈끈이 등을 설치하는 방법이 있고, 살서제, 훈증제, 독극물 등의 살서, 불임약제로 생식을 억제하여 번식을 억제하는 방법 등이 있다.

표 7-3 가주성 쥐의 종류와 특징

구분	크기	특징
시궁쥐	• 몸무게 : 약 300~700 g • 몸길이 : 약 22~30 cm • 꼬리길이 : 약 17~20 cm	• 꼬리가 몸길이보다 조금 짧거나 같고 귀가 두껍고 작다. • 집쥐류 중 가장 크다.
곰쥐	• 몸무게 : 약 200~250 g • 몸길이 : 약 15~19 cm • 꼬리길이 : 17~21 cm	• 꼬리가 몸길이보다 길며 귀가 크다. • 집쥐보다 몸집이 작다.
생쥐	• 몸무게 : 약 20~30 g • 몸길이 : 약 6~10 cm • 꼬리길이 : 약 6~10 cm	• 꼬리가 몸길이와 비슷하고 귓바퀴가 둥글다. • 몸집이 아주 작다.

2) 파리

파리는 알, 유충, 번데기, 성충 단계로 완전변태를 하며, 평균 수명이 약 30일이다. 파리는 구부, 욕반, 비상능력 등 감염병의 기계적 전파 특성을 지니고 있으며, 이러한 파리 매개 질병으로는 장티푸스, 파라티푸스, 이질, 콜레라, 아프리카수면병 등이 있다.

파리의 구제방법으로는 물리적, 화학적, 생물학적 방법이 있다. 발생원을 제거하는 것이 가장 이상적이며 물리적 방법으로는 쓰레기통에 뚜껑을 설치하거나 방충망을 설치하는 방법이 있다. 화학적 방법으로는 발생원 표면에 유제, 수화제, 분제살포(40 cc/m^2) 등 유충을 구제하는 방법과 잔류분무, 에어로솔, 가열연무 등 성충을 구제하는 방법이 있다. 생물학적 방법으로는 천적이나 포식동물을 이용하는 방법이 있고, 파리알의 영양물질을 섭취하는 기생벌, 유충의 서식처를 제거하는 풍뎅이 등을 이용할 수도 있다.

3) 바퀴

바퀴는 알, 유충, 성충 단계로 불완전변태를 하며 성충의 수명은 3~12개월 이상이다. 독일바퀴, 이질바퀴(미국바퀴), 검정파퀴(먹바퀴), 일본바퀴(집바퀴) 4개 종류가 있으며, 그 크기와 특징은 표 7-4와 같다. 바퀴는 군거생활을 하고 가주성 바퀴는 높은 온도, 습도, 먹이가 충분할수록 잘 서식한다. 주방의 벽틈, 찬장 뒤 등에서 서식하며, 야간에 주로 활동한다. 바퀴는 자극성 물질을 분비하여 피부병 또는 알레르기를 유발하기도 하고, 세균, 기생충, 바이러스 등의 병원체를 몸의 표면이나 다리의 털, 분변 등에 부착시켜 식품을 오염시키고 이로 인한 경구감염병 및 식중독을 일으킨다.

바퀴의 구제법으로는 바퀴가 서식하는 장소와 음식물 관리를 철저히 하여 먹이를 없애고 식품에 살충제를 혼합시켜 놓는 독먹이법 또는 휘발성 살충제pyrethrin, DDVP를 연무하는 방법이 있다.

표 7-4 바퀴의 종류와 특징

종류	몸길이	몸색깔	전흉배판	비고
독일바퀴	1~1.5 cm (소형)	밝은 황갈색	흑색의 두 줄 종대	가주성 바퀴 중 가장 작음
이질바퀴	3.5~4 cm (대형)	광택 있는 적갈색	황색균상, 가운데 흑색	가주성 바퀴 중 가장 큼
검정바퀴	3~3.8 cm (대형)	광택 있는 암갈색	반원형, 반점 없음	-
일본바퀴	2~2.5 cm (중형)	흑갈색	요철면	성충의 날개 짧음(암컷)

4) 진드기

진드기는 알, 유충, 성충 단계로 불완전변태를 하는데, 알에서 부화하여 3쌍의 다리를 갖는 유충을 거쳐 4쌍의 다리는 갖는 자충으로 발육하여 성충이 된다. 식품과 관계되는 진드기는 약 100여 종인데. 식품 자체 또는 식품에 발생하는 곰팡이를 먹이로 하는 대표적인 진드기로는 가루진드기, 먼지진드기 등이 있다 **표 7-5**.

표 7-5 식품과 관련된 진드기 종류

종류	관련 식품
긴털가루진드기	옥수수, 밀, 밀가루, 보리 등 곡류, 과자, 건어물 등
굵은가루진드기	오래된 치즈 등
먼지진드기	곡류, 전분, 건어물 등

CHAPTER

8

식품첨가물

1. 식품첨가물의 정의 및 목적

1) 식품첨가물의 정의

우리나라 「식품위생법」 제2조제2호에서는 식품첨가물을 "식품을 제조·가공·조리 또는 보존하는 과정에서 감미甘味, 착색着色, 표백漂白 또는 산화 방지 등을 목적으로 식품에 사용되는 물질을 말한다. 이 경우, 기구·용기·포장을 살균 소독하는 데에 사용되어 간접적으로 식품으로 옮아갈 수 있는 물질을 포함한다"고 정의하고 있다. 외국의 식품첨가물 정의는 표 8-1과 같다.

표 8-1 외국 식품첨가물의 정의

구분	정의
FAO(UN 식량농업기구) WHO(세계보건기구)	식품의 외관, 향미, 조리 또는 저장성을 향상시키기 위한 목적으로 식품에 소량 첨가되는 비영양물질
EU(유럽연합)	감미, 착색 또는 보존 등과 같은 일전한 기술적 기능을 획득하기 위해 식품에 의도적으로 첨가된 물질
CODEX(국제식품규격위원회)	식품의 일반적인 구성성분이 아니고 그 자체를 식품으로 사용하지 않으며 영양가와 상관없이 식품이 저장, 수송, 포장, 충진, 조제, 가공에 기술적인 목적으로 식품에 의도적으로 첨가하는 물질

출처 : 식품의약품안전처 식품안전나라, 2021.1.10. 인출

2) 식품첨가물의 사용 목적

식품첨가물은 식품의 제조 및 가공 중에 식품의 풍미 및 외관을 향상시키고, 영양소를 보존 및 강화하며, 식품의 품질과 보존성을 향상시키고 식중독을 예방하는 목적으로 사용된다.

2. 식품첨가물의 분류

1) 식품첨가물의 사용 목적에 따른 분류

식품첨가물은 표 8-2와 같이 사용 목적에 따라 다양하게 사용되고 있다.

표 8-2 식품첨가물의 사용 목적에 따른 분류

목적	종류
풍미 증진	감미료, 향미증진제, 산도조절제
품질 유지	보존료, 산화방지제
기호성 향상	착색료, 착향료, 발색제, 표백제
영양 증진	영양강화제
식감 향상	유화제, 증점제
부패 방지	보존료, 산화방지제, 살균제 등
품질 개량	품질 개량제, 밀가루 개량제
제조 및 가공	팽창제, 고결방지제, 소포제, 이형제, 기포제, 추출제, 호료, 습윤제

2) 식품첨가물의 용도별 분류

「식품위생법」 제7조1항에 따른 "식품첨가물의 기준 및 규격"(식품의약품안전처 고시 제2023-72호, 2023.11.28.)이 개정되었다. 2021년 기준으로 식품첨가물은 식품첨가물과 혼합제제류로 구분되며, 총 620품목의 기준 및 규격이 설정·고시되어 관리되고 있다.

식품첨가물의 사용 목적을 명확하기 위해 2018년 1월 1일부터는 제조방법 중심 분류에서 용도 중심으로 분류하였으며, 용도 중심의 기준은 표 8-3과 같다.

※ 식품의 용도는 식품의 제조·가공 시 식품에 발휘되는 식품첨가물의 기술적 효과를 말하는 것이다.

표 8-3 식품첨가물의 종류에 따른 용도 및 주요 예

종류	용도	주요 예시
감미료	식품에 단맛 부여	**아세설팜칼륨**, D-소비톨, D-리보스, 만니톨, D-말티톨, 수크랄로스, 아스파탐, 자일리톨 사카린나트륨, 글리시리진산이나트륨 등
고결방지제	식품의 입자 등이 서로 부착되어 고형화되는 것을 감소시킴	**이산화규소**
거품제거제	식품의 거품 생성을 방지하거나 감소시킴	**규소수지**
껌기초제	적당한 점성과 탄력성을 갖는 비영양성의 씹는 물질로서 껌 제조의 기초 원료로 사용됨	**로진**
밀가루개량제	밀가루나 반죽에 첨가되어 제빵 품질이나 색을 증진시킴	**염소**, 과산화벤조일(희석), 과황산암모늄, 이산화염소(수)
발색제	식품의 색을 안정화시키거나 유지 또는 강화시킴	**아질산나트륨**, 질산칼륨 및 질산나트륨
보존료	미생물에 의한 품질 저하를 방지하여 식품의 보존기간을 연장시킴	**안식향산**, 소브산, 파라옥시안식향산에틸, 몰식자산프로필, 프로피온산 등
분사제	용기에서 식품을 방출시키는 가스	**이산화탄소**
산도조절제	식품의 산도 또는 알칼리도 조절	**구연산**, 호박산, 젖산, 젖산나트륨, 푸마르산, 초산 등
산화방지제	산화에 의한 식품의 품질 저하 방지	**이.디.티.에이.이나트륨**, 에리쏘르빈산나트륨, 차아황산나트륨, 이.디.티.에이, BHT, BHA, TBHQ, 비타민 C, L-아스코르빌산팔미테이트, 토코페롤, γ-오리자놀 등
살균제	식품 표면의 미생물을 단시간 내에 사멸시킴	**차아염소산나트륨**, 과산화수소
습윤제	식품이 건조되는 것을 방지	**폴리덱스트로스**, 만니톨, D-말티톨
안정제	두 가지 또는 그 이상의 성분을 일정한 분산 형태로 유지	**결정셀룰로스**
여과보조제	불순물 또는 미세한 입자를 흡착하여 제거하기 위해 사용	**규조토**
영양강화제	식품의 영양학적 품질을 유지하기 위해 제조공정 중 손실된 영양소를 복원하거나 영양소를 강화함	**비타민 C**, 무기질, 아미노산, 뮤신 등
유화제	물과 기름 등 섞이지 않는 두 가지 또는 그 이상의 상(phases)을 균질하게 섞어주거나 유지시킴	**레시틴**, 글리세린지방산에스테르, 스테아린젖산칼슘, 구연산칼슘, 소르비탄지방산에스테르 등
이형제	식품의 형태를 유지하기 위해 원료가 용기에 붙는 것을 방지하여 분리하기 쉽도록 함	**유동파라핀**
응고제	식품 성분을 결착 또는 응고시키거나, 과일 및 채소류의 조직을 단단하거나 바삭하게 유지시킴	**염화마그네슘**

(계속)

종류	용도	주요 예시
제조용제	식품의 제조·가공 시 촉매, 침전, 분해, 청징 등의 역할을 하는 보조제	**니켈**, 염산
젤형성제	젤을 형성하여 식품에 물성을 부여	**젤라틴**
증점제	식품의 점도를 증가시킴	**펙틴**, 구아검, 젤라틴, 알긴산 잔탄검, 변성전분 등
착색료	식품에 색을 부여하거나 복원시킴	**포도과피색소**, 자주색고구마색소, 양파색소, 치자황색소, β-카로틴, 캐러멜, 마리골드색소
청관제	식품에 직접 접촉하는 스팀을 생산하는 보일러 내부의 결석, 물때 형성, 부식 등을 방지하기 위하여 투입	**청관제**
추출용제	유용한 성분 등을 추출하거나 용해시킴	이소프로필알콜, 헥산
충전제	산화나 부패로부터 식품을 보호하기 위해 식품의 제조 시 포장 용기에 의도적으로 주입시키는 가스	질소
표백제	식품의 색을 제거하기 위해 사용	**무수아황산**, 아황산나트륨, 차아황산나트륨, 피로아황산칼륨, 메타아황산중칼륨 등
표면처리제	식품의 표면을 매끄럽게 하거나 정돈하기 위해 사용	**탤크**
피막제	식품의 표면에 광택을 내거나 보호막 형성	**밀납**, 물포런지방산염, 초산비닐수지
팽창제	가스를 방출하여 반죽의 부피를 증가시킴	**탄산수소나트륨**
향미증진제	식품의 맛 또는 향미 증진	L-글루탐산나트륨, 5′-이노신산이나트륨 등
향료	식품에 특유한 향을 부여하거나 제조공정 중 손실된 식품 본래의 향을 보강시킴	**바닐린**, 딸기향, dl-멘톨 등
효소제	특정한 생화학 반응의 촉매 작용	**α-아밀라아제**, β-아밀라아제, 펙티나제, 프로테아제, 종국

종류 및 용도 자료: 「식품첨가물의 기준 및 규격」 고시 전문(고시 제2023-72호)
볼드체: 대표 예시

3) 국내외 식품첨가물 관리 현황

국내외 식품첨가물 관리 현황은 표 8-4와 같다.

표 8-4 국내외 식품첨가물 관리 현황

	우리나라	CODEX	유럽연합	미국	일본
근거 규정	식품위생법 제7조, 식품첨가물의 기준 및 규격	GSFA STAN 192-1995 JFCFA Specification	EU Regulatuon No. 1333/2008	FD & C Act 201(s) FCC 21 CFR	식품위생법 제13조 식품첨가물의 기준 및 규격
지정 품목수	32개의 용도별 분류*	식품첨가물 714 영양강화제 170	식품첨가물 395 영양강화제 179	직접첨가물 729 색소첨가물 31	지정첨가물 454 기존첨가물 335
	620**	884	574	760	819***

*식품첨가물의 기준 및 규격(고시 제2020-117호)

**식품의약품안전처 식품 및 식품첨가물 공전, https://foodsafetykorea.go.kr/foodcode/04_00.jsp (2021.1.10. 인출)

***지정 첨가물 : 기존첨가물, 천연향료, 일반음식첨가물(100여 품목)로 분류('95년 식품위생법 개정 이후)

출처 : 식품의약품안전처 식품기준기획관(2017), 식품 등 기준설정 원칙, p.58.

3. 식품첨가물의 안전성 평가

식품의약품안전처에서는 식품첨가물의 안전성을 평가한다. 안전성 평가를 위해서는 독성자료, 1일 섭취량 등을 평가한 후 기술적 효과와 사용목적 등의 안전성을 평가한 후 전문가의 의견을 수렴하여 기준 및 규격을 설정한다. 안전성 평가 후 식품섭취량 조사에 의한 식품 섭취수준과 1일 섭취허용량을 비교하여 기준 규격 설정 및 재평가를 하여 관리하고 있다.

1) 식품첨가물 안전성 평가시험

식품첨가물로 사용하기 위해서는 그림 8-1과 같이 단독투여독성시험, 반복투여독성시험, 생식·방생 독성시험, 면역독성시험, 발암성시험 등의 동물실험 등을 통해 안전한 양을 설정한다.

*동물실험 등을 통해 안전한 양(최대 무독성량: no observed adverse effect level, NOAEL) 설정

그림 8-1 식품첨가물 안정성 시험 내용

출처 : https://www.foodsafetykorea.go.kr/portal/board/boardDetail.do

2) 식품첨가물 1일 섭취허용량 산출방법

식품첨가물 1일 섭취허용량acceptable daily intake, ADI이란 사람이 일생 동안 매일 먹더라도 유해한 작용을 일으키지 않는 양으로 체중 kg당 1일 섭취허용량으로 표시한다. 산출방법은 그림 8-2와 같이 동물실험을 통해 동물들이 평생 먹어도 안전한 양을 구하고, 그 양의 1/100 수준을 1일 섭취허용량으로 산출한다. 그러나 한 가지 식품만 먹는 것이 아니므로 다양한 식품첨가물이 사용되기 때문에 실제 식품에서는 훨씬 적은 양의 식품첨가물이 사용된다.

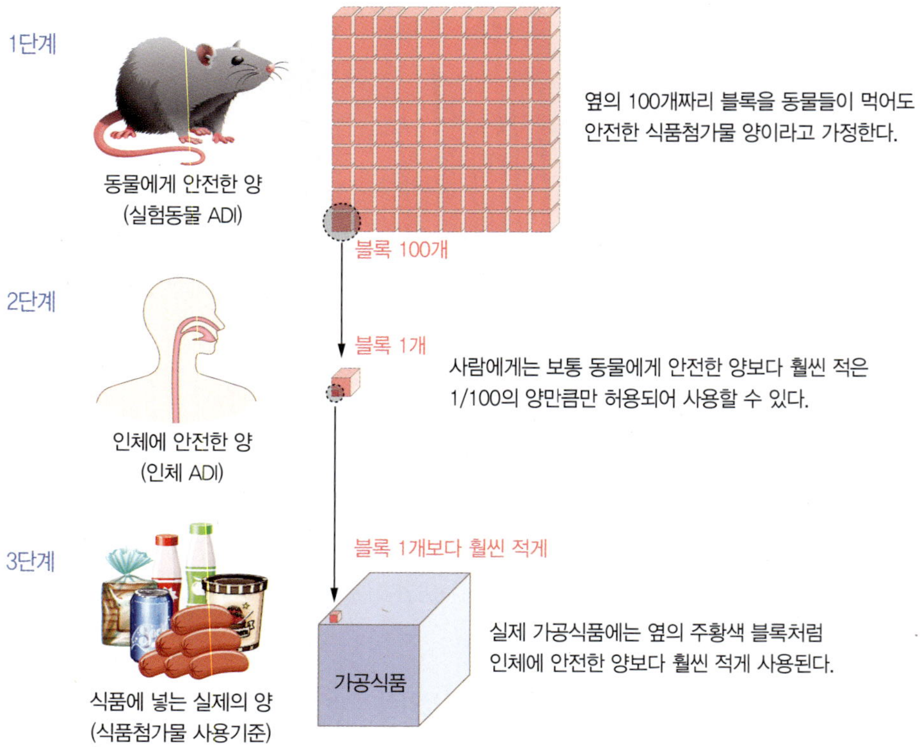

그림 8-2 식품첨가물 1일 섭취허용량 산출방법

출처 : 식품의약품안전처, 식품첨가물 바로 알기 전문가용

4. 식품첨가물의 기준 및 규격

1) 관련 법령 : 식품위생법 제7조

제7조 (식품 또는 식품첨가물에 관한 기준 및 규격)

① 식품의약품안전처장은 국민보건을 위하여 필요하면 판매를 목적으로 하는 식품 또는 식품첨가물에 관한 다음 각호의 사항을 정하여 고시한다.

1. 제조·가공·사용·조리·보존 방법에 관한 기준
2. 성분에 관한 규격

(계속)

④ 제1항 및 제2항에 따라 기준과 규격이 정하여진 식품 또는 식품첨가물은 그 기준에 따라 제조·수입·가공·사용·조리·보존하여야 하며, 그 기준과 규격에 맞지 아니하는 식품 또는 식품첨가물은 판매하거나 판매할 목적으로 제조·수입·가공·사용·조리·저장·소분·운반·보존 또는 진열하여서는 아니 된다.

자료: 식품위생법, 식품의약품안전처

2) 목적

'식품첨가물공전'은 「식품위생법」 제7조제1항에 따른 식품첨가물의 재료·사용·보존 방법에 관한 기준과 성분에 관한 규격을 정함으로써 식품첨가물의 안전한 품질을 확보하고, 식품에 안전하게 사용하도록 하여 국민 보건에 이바지함을 목적으로 한다.

3) 식품첨가물의 사용기준

① 식품 중에 첨가되는 식품첨가물의 양은 물리적, 영양학적 또는 기타 기술적 효과를 달성하는 데 필요한 최소량으로 사용하여야 한다.

② 식품첨가물은 식품 제조·가공 과정 중 결함있는 원재료나 비위생적인 제조방법을 은폐하기 위하여 사용되어서는 아니 된다.

③ 식품 중에 첨가되는 영양강화제는 식품의 영양학적 품질을 유지하거나 개선시키는 데 사용되어야 하며, 영양소의 과잉 섭취 또는 불균형한 섭취를 유발해서는 아니 된다.

④ 식품첨가물은 식품을 제조·가공·조리 또는 보존하는 과정에서 사용하여야 하며, 그 자체로 직접 섭취하는 목적으로 사용하여서는 아니 된다.

⑤ 식용을 목적으로 하는 미생물 등의 배양에 사용하는 식품첨가물은 이 고시에 정하고 있는 품목 또는 국제식품규격위원회Codex Alimentarius Commission에서 미생물 영양원으로 등재된 것으로 최종식품에 잔류하여서는 아니된다. 다만, 불가피하게 잔류할 경우에는 품목별 사용기준에 적합하여야 한다.

⑥ 이 고시에서 품목별로 정하여진 주용도 이외에 국제적으로 다른 용도로서 기술적 효과가 입증되어 사용의 정당성이 인정되는 경우, 해당 용도로 사용할 수 있다.

⑦ 「대외무역관리규정」(산업통상자원부 고시)에 따른 외화획득용 원료 및 제품(주식회사 한국관광용품센터에서 수입하는 식품 제외), 「관세법」 제143조에 따라 세관장의 허가를 받아 외국으로 왕래하는 선박 또는 항공기 안에서 소비되는 식품 및 선천성대사이상 질환자용 식품을 제조·가공·수입함에 있어 사용되는 식품첨가물은 「식품위생법」 제6조 및 이 기준·규격의 적용을 받지 아니할 수 있다.

자료: 식품첨가물공전, 식품의약품안전처(http://www.foodsafetykorea.go.kr/foodcode/04_03.jsp?idx=4)

4) 식품첨가물 기준 규격 설정 절차

식품첨가물의 기준과 규격을 설정하기 위한 절차는 그림 8-3과 같다.

5. 식품첨가물의 지정 절차

식품첨가물의 지정 절차는 그림 8-4와 같이 지정 신청, 자료 검토, 제·개정(안) 마련, 행정 예고, 식품위생심의위원회 식품첨가물분과의 심의, 자체·총리실 규제 심사를 거쳐 신규 지정이 된다.

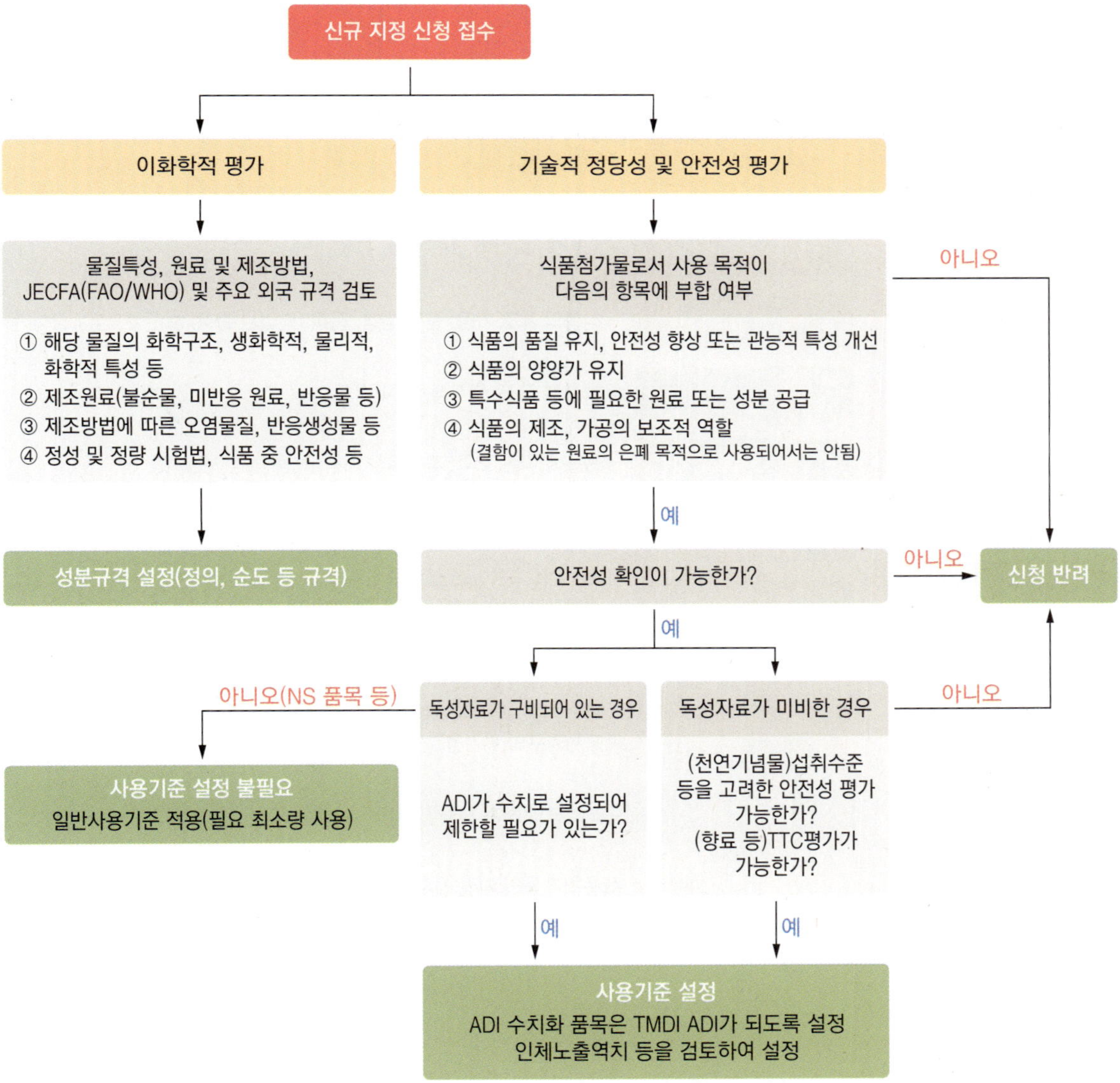

그림 8-3 식품첨가물의 기준, 규격 설정 흐름도

출처 : 식품의약품안전처 식품기준기획관(2017), 식품 등 기준설정 원칙, p.49.

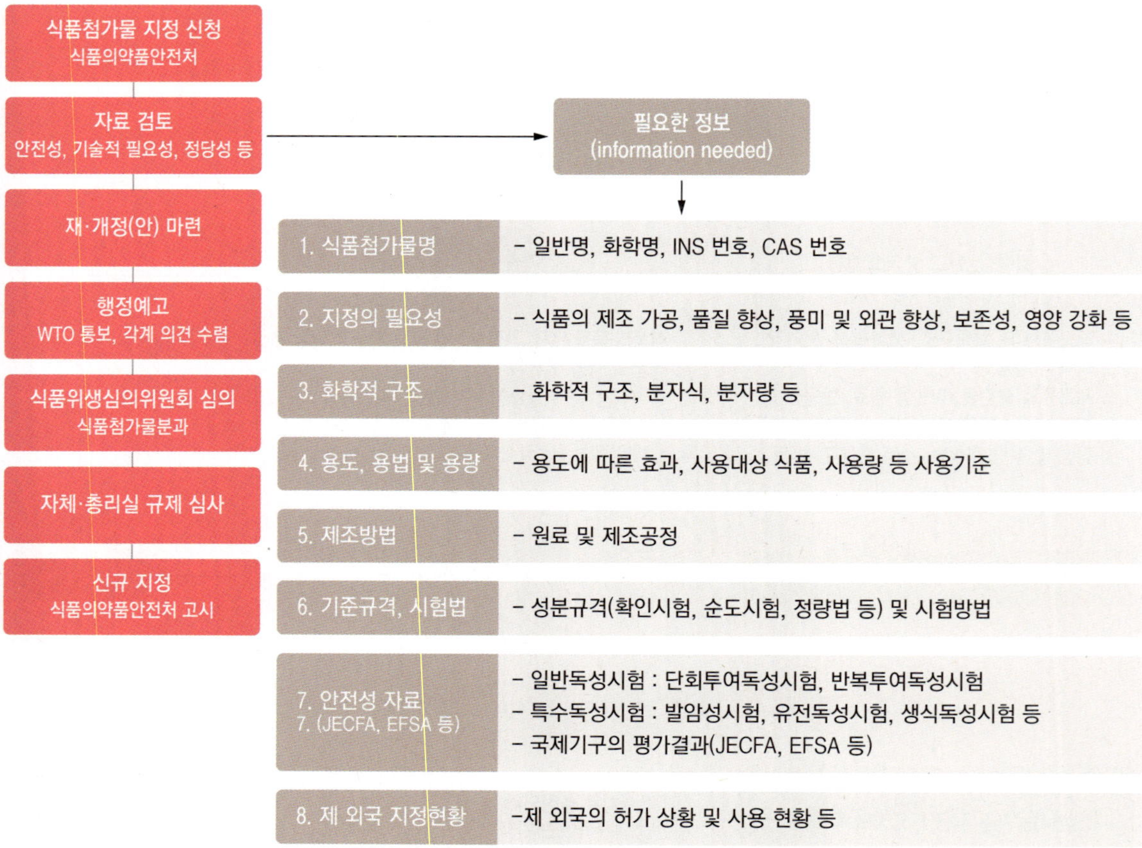

그림 8-4 식품첨가물의 지정 절차

출처 : 식품의약품안전처 식품안전나라(https://www.foodsafetykorea.go.kr/portal/board/boardDetail.do)

6. 식품첨가물의 표시

가공식품에 사용된 식품첨가물은 식품 포장지에 있는 '정보표시면'의 '원재료명'에 표시한다. 그림 8-5와 같이 비타민 음료의 경우 비타민 C, 비타민 B_2, 히알루론산, 덱스트린, 구연산, 펙틴, 타우린, DL-사과산 등의 첨가물이 사용되었음을 표시한다.

그림 8-5 비타민 음료의 첨가물 표시 예

7. 식품첨가물공전

1) 근거 법령

「식품위생법」 제14조(식품등의 공전)에 의하면, 식품의약품안전처장은 「식품위생법」 제7조 제1항에 따라 정하여진 식품 또는 식품첨가물의 기준과 규격 등을 실은 식품 등의 공전을 작성·보급하여야 한다.

2) 목적

식품첨가물의 제조·가공·사용·보존 방법에 관한 기준과 성분에 관한 규격을 정함으로써 식품첨가물의 안전한 품질을 확보하고, 식품에 안전하게 사용하도록 하여 국민보건에 이바지함을 목적으로 한다.

3) 구성 및 내용(식품의약품안전처 고시 제2023-60호, 2023.9.20. 개정)

I. 총칙
- 1. 목적
- 2. 용어의 정의
- 3. 일반원칙

(계속)

II. 식품첨가물 및 혼합제제류
  1. 제조기준
  2. 일반사용기준
  3. 보존 및 유통기준
  4. 품목별 성분규격
  5. 품목별 사용기준(식품첨가물)/품목별 사용기준(혼합제제류)/품목별사용기준(조제유류 등)

III. 기구 등의 살균소독제
  1. 제조기준
  2. 일반사용기준
  3. 보존 및 유통기준
  4. 품목별 성분규격
  5. 품목별 사용기준

IV. 일반시험법
  가스크로마토그래피 등 37개 시험법

V. 시액·시약, 용량분석 표준용액 및 표준용액
  1. 시약
  2. 시액
  3. 용량분석용 표준용액
  4. 표준용액

VI. 재검토기한

자료: 식품의약품안전처, 식품위생법 및 식품첨가물공전

CHAPTER 9

식품 영업장의 위생관리

1. 개인위생관리

식중독을 일으키는 원인 중 가장 큰 비중을 차지하는 것은 종사자의 비위생적인 식품 취급이다. 따라서 종사자는 개인위생관리를 철저히 하는 것이 중요하다.

- 작업 전 작업자 건강상태를 확인한다.
  - 설사, 복통, 외상, 염증이 있을 경우 식품 제조작업 금지
  - 원료나 제품을 직접 접촉하는 종사자는 정기적인 건강검진 필요
  - 손에 상처가 났을 때 상처 부위를 골무 등으로 완전히 감싸고 장갑을 착용하여 오염 방지
- 작업장 출입 전 위생복장(위생복, 위생모자, 위생화, 마스크 등)을 착용하고 그림 9-1, 위생복과 외출복은 교차오염이 일어나지 않도록 분리 보관한다.

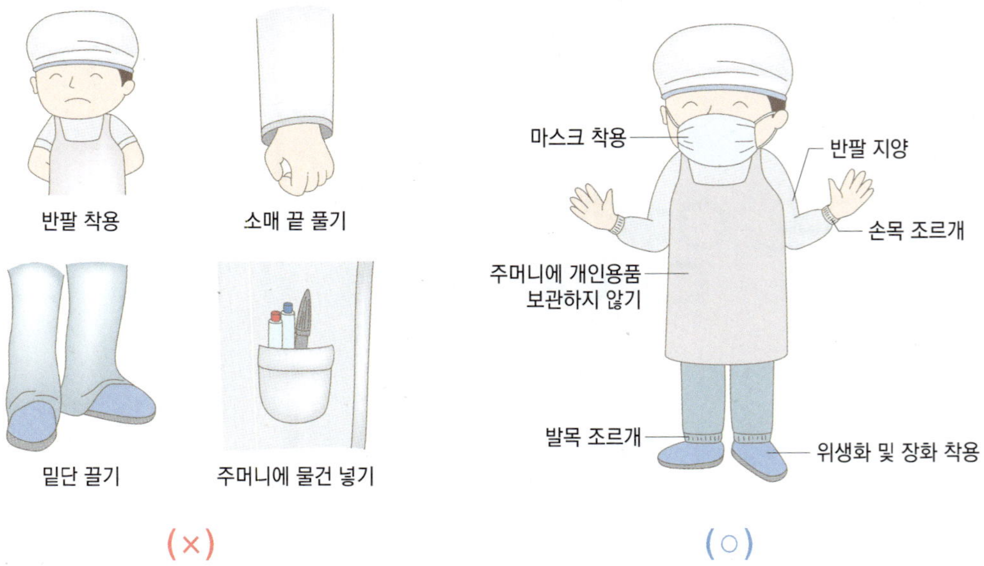

그림 9-1 위생복장 착용방법

출처 : 식품의약품안전처, 한국식품안전관리인증원

- 작업장 입실 시 개인 소지품 및 사무용품은 교차오염은 물론 이물 혼입의 원인이 될 수 있으므로 소지하지 않는다.
  - 개인 장신구(반지, 귀걸이, 시계 등), 담배, 필기구, 휴대전화 등
- 작업장 입실 시 끈끈이롤러, 진공흡입기, 에어샤워기 등을 이용하여 위생복에 묻어 있는 이물을 제거한다.
- 손을 깨끗이 씻으면 세균의 99.9%를 감소시킬 수 있는데 다음과 같은 행위를 한 후에는 손 세척 및 소독을 실시한다.
  - 작업장 입실 시 또는 작업하는 생산품목 변경 시
  - 귀·입·코·머리 등과 같은 신체 부위를 만지거나 긁은 경우
  - 깨끗하지 않은 설비 및 도구 표면 또는 걸레 등 청소도구를 만졌을 경우
  - 특히, 청결구역 종사자는 작업 중 수시로 손, 팔 등을 소독액으로 소독함

(1) 손 씻기

우리 손에는 육안으로 확인되지 않는 식중독균을 비롯하여 여러 가지 질병을 유발하는 세균들이 존재한다 그림 9-2. 이러한 미생물이 조리작업 중에 식재료, 기구, 음식 등에 오염을 일으켜 식중독을 발생시키는 원인이 될 수 있다. 따라서 미생물의 제거와 안전관리를 위하여 손 씻기가 중요하다.

(2) 손 세척·소독 방법

작업 전·후, 화장실을 이용한 후, 비위생적인 것을 취급한 후에는 손을 깨끗이 씻어야 한다 그림 9-3.

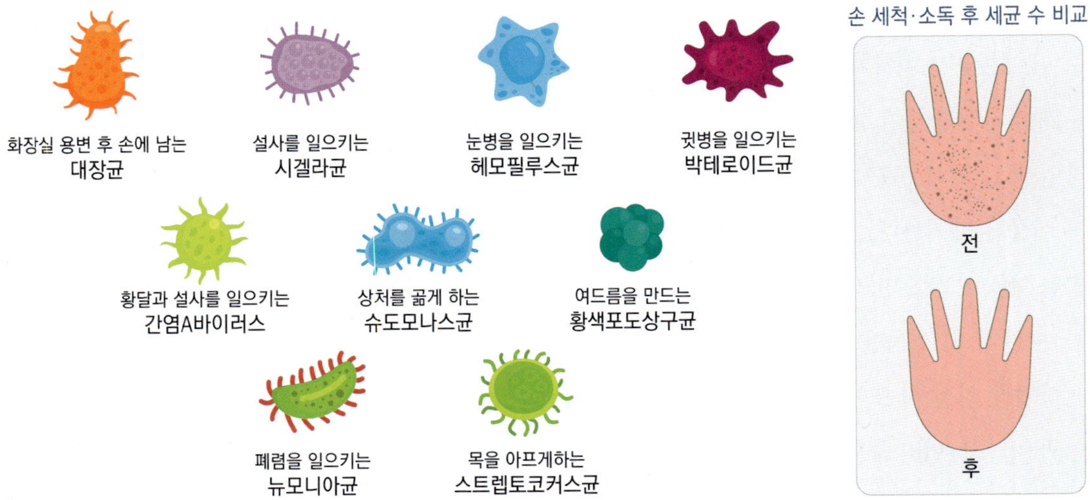

그림 9-2 손에 존재하는 세균들

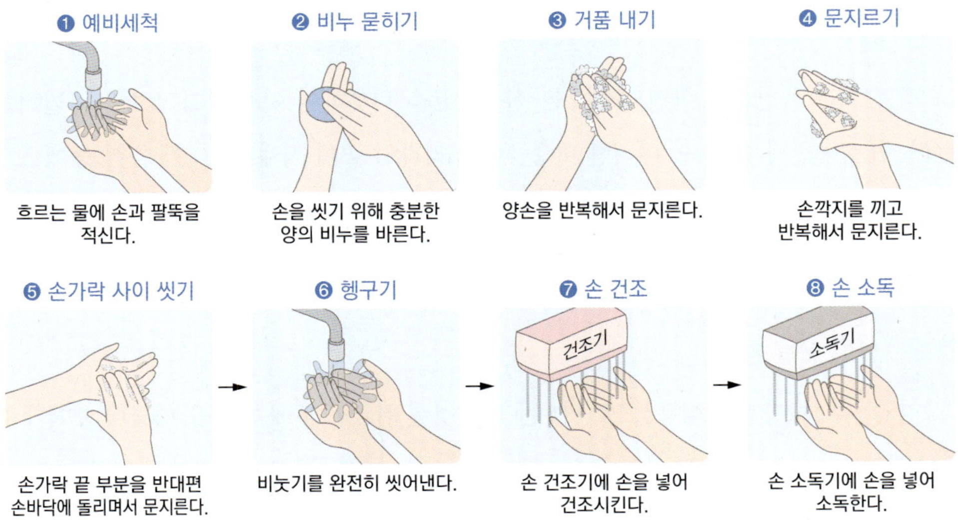

그림 9-3 손 세척·소독 방법

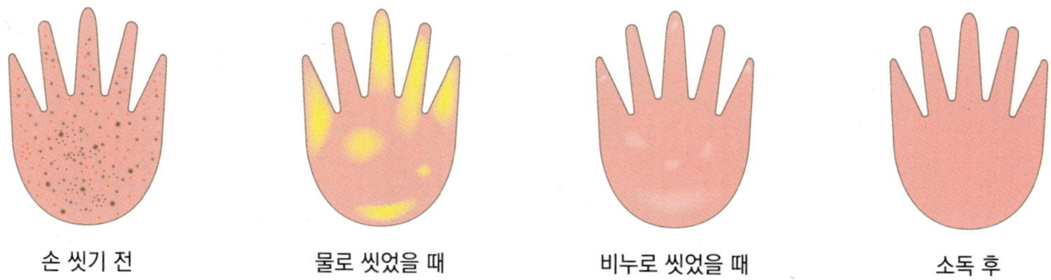

그림 9-4 손 세척·소독 후 세균 수의 비교

2. 입고·보관 관리

냉장·냉동 원료가 온도 기준이 이탈된 상태로 운송 또는 보관되거나, 실온에서 오랫동안 방치될 경우 원료의 온도 상승으로 인해 세균이 증식될 수 있다 그림 9-5.

1) 원·부재료 입고 및 검수 방법

- 입고 차량 온도 및 청결상태를 확인한다.
- 자가품질검사서 등 시험성적서 수령이 가능한 품목은 서류평가를 한다.
- 농산물 등 시험성적서 수령이 어려운 품목은 육안(관능검사) 평가를 한다.
- 자체적으로 설정한 입고검사 기준(성상, 부패, 변질, 차량 온도, 표시사항 등)에 따라 실시한다.
- 내포장재는 「식품위생법」에 따른 용기·포장류 제조업체에서 생산된 제품으로 기준규격에 적합한 것을 사용한다.
- 유통기한 경과 또는 포장재 파손, 품질 저하 등 자체 검수기준에 미달된 경우 반품 또는 폐기 등 즉시 조치한다.
- 냉장·냉동 원·부재료는 도착 즉시 검수 후 저장조건(냉장, 냉동, 실온 등)에 따라 구분하

그림 9-5 원·부재료 입고 및 검수 관리

여 보관하고 주기적으로 온도를 확인한다.

- 온도 이상 시 수리 등 조치하고 원·부재료에 대해서는 다른 창고에 옮겨 보관한다.
- 냉장 : 0~10℃ / 냉동 : -18℃ 이하 / 상온 : 15~25℃ / 실온 : 1~35℃

2) 원·부재료 보관

- 교차오염 방지를 위하여 품목별(어·육류, 농산물, 가공품 등)로 분리하여 보관한다 그림 9-6.

품목별 구분 보관 / 잔여 원·부재료 별도 보관 / 선입선출 관리 / 온도 확인

그림 9-6 원·부재료 보관

※ 분리 보관이 어려울 경우 이격 보관 관리(10 cm 이상)

- 선입선출(먼저 구매한 제품을 먼저 사용) 원칙 준수 및 사용기록을 관리한다.
- 개봉 후 남은 원·부재료는 별도 용기에 담아 보관한다.
- 냉장·냉동 창고 온도 주기적 확인 및 기록 관리한다.

3. 제조·가공 공정관리

제조·가공 및 위생기준을 준수하지 않으면, 공정 중 위해요소가 발생 또는 증식할 수 있으므로, 전처리방법, 해동방법, 가열 및 냉각 기준 등을 준수해야 한다.

1) 전처리 공정

- 식품 취급 등의 작업은 바닥으로부터 60 cm 이상의 높이에서 실시한다.
- 칼·도마 및 앞치마, 고무장갑 등은 원·부재료별 또는 구역별로 구분하여 사용한다
- 냉장·냉동 식품의 절단, 소분 등 처리 시 식품 온도가 가능한 15℃를 넘지 않도록 한 번에 소량씩 취급하고, 처리 후 보관기준에 따라 온도관리를 실시한다.

그림 9-7 올바른 작업대 사용

그림 9-8 올바른 해동방법과 잘못된 해동방법
출처 : 식품의약품안전처, 농수산물 위생관리 매뉴얼

- 해동은 해동실 또는 해동구역에서 가능한 빠른 시간 내 실시하여 즉시 사용한다.
  - 냉장 해동(10℃ 이하), 전자레인지 해동, 흐르는 물 또는 상온(시간관리 필요)에서 해동한다 그림 9-8.
  - 해동 후 남은 원료는 재동결하지 않도록 한다.
- 내포장재에 대한 위생관리를 철저히 한다. 내포장재는 식품과 직접 닿기 때문에 위생관리가 되지 않으면 제품에 직접적인 영향을 미치므로 식품과 똑같은 관리가 필요하다.
- 작업 중 생성된 생선 내장, 껍질 등 폐기물은 작업 종료 즉시 폐기물 보관장소로 배출한다.

2) 세척 공정

- 싱크대는 채소류, 어패류, 육류용으로 각각 구분하여 사용한다 그림 9-9.
- 한 개의 싱크대를 사용하는 경우 채소류 → 육류 → 어류 → 가금류 순으로 세척하며, 각 식재료 세척 후 싱크대를 세척한 후 사용한다.
- 효과적인 세척(미생물 및 이물 제거 등)을 위해 흐르는 물을 사용하고, 농약 제거 시 담금물 사용한다.

그림 9-9 세척 공정 시 주의점

3) 소독 공정

- 소독제는 차아염소산나트륨, 오존수, 차아염소산수, 이산화염소수 등 식품의약품안전처에서 식품첨가물로 고시한 제품을 사용한다 그림 9-10.

예) 물 9,975 mL + 소독제 25 mL (염소표백제 4% 제품) | 농도 확인 (테스트페이퍼) | 5분간 침지 (채소, 과일 등) | 먹는 물로 4회 이상 세척

그림 9-10 100 ppm 소독액 조제 및 소독 방법

- 소독제 사용 시에는 식품첨가물로 고시된 제품인지 확인한 후 사용한다.
  - 개봉된 원액은 소독효과가 감소되므로 사용 중인 소독제는 적절한 주기로 교체한다.
  - 희석액은 즉시 사용하고 희석 후 남은 소독액은 폐기한다.
  - 소독은 세척 후 실시해야 하며, 소독 후 절단작업을 시행한다.

4) 가공(조리) 공정

- 가열 공정은 중심온도(74℃, 1분 이상)를 확인하고 기록하며 측정 후 살균 소독한다 그림 9-11.
- 비가열 공정은 작업대 주변을 청결하게 유지하고 용기, 도구 및 장갑 등을 구분하여 사

온도계 소독 | 중심 탐침 | 온도 확인 | 조리대 주변 청결 유지 | 소독된 위생장갑 착용 후 혼합(30분마다 교체)

그림 9-11 가공(조리) 공정

용하고 소독 후 작업한다.

5) 냉각 공정

- 가열 조리 후 냉각이 필요한 식품은 신속히 냉각하며 냉각 온도 및 시간 기준을 준수한다 그림 9-12.
- 뜨거운 음식을 냉장·냉동고에서 냉각하지 않아야 하며, 먼지로 인한 오염이 발생하므로 선풍기 냉각은 금지한다.

얇은 용기나 작은 단위로 소분 (금속용기 사용) / 얼음이 담긴 용기에 식품 용기 담아 냉각 / 막대로 저으면서 냉각 / 급속냉각기 이용

그림 9-12 냉각방법

4. 방충·방서 및 용수 관리

작업장은 각종 식품 원료를 취급하여 해충 등이 모이므로 위생적으로 관리해야 하며, 용수는 제조·가공에 직접 사용되거나 시설·설비 표면, 기구, 용기 및 손 세척 등에 사용되므로 반드시 상수도 또는 수질기준에 적합한 지하수를 사용해야 한다.

1) 방충·방서 관리

- 해충의 서식 방지를 위하여 주기적으로 방역작업을 실시하고, 작업장 주변에 폐기물이

방치되지 않도록 관리한다.

- 작업 종료 후 지정된 폐기물 보관장소에 배출한다.
- 작업장 내 해충 유입 방지를 위하여 작업장의 벽·천장 등 틈새 보수 및 방충망, 에어커튼 등을 설치한다.
- 작업장에는 포충등 또는 보행해충, 설치류 방지 설비를 설치하여 유입된 해충 또는 설치류의 포획 개체수 확인 및 기록·관리하여 해충 등의 제품 혼입을 방지한다.
  - 포획 개체수가 평상시보다 늘어난 경우 작업장 전체 밀폐 여부 확인·점검하고, 작업장 및 배수로 청소를 실시하거나 작업장 주변에 대한 방역을 실시한다.

2) 용수관리

먹는물의 수질기준 (2019.12.20. 개정)
일반세균 : 100 CFU/mL 이하
총 대장균군 : 100 mL에서 불검출
납 : 0.01 mg/L 이하
페놀 : 0.005 mg/L 이하
잔류염소 : 4.0 mg/L 이하
경도 : 1000 mg/L 이하

- 취수원은 화장실, 폐기물·폐수처리시설, 동물사육장 등에 의한 오염이 없어야 한다.
- 식품 제조·가공 및 시설·설비, 기구 등 세척은 먹는 물 수질기준에 적합한 용수를 사용한다 그림 9-13.
  - 상수도 또는 먹는 물 수질기준에 적합한 지하수 사용 가능
- 지하수 사용 시 먹는 물 수질기준 전 항목 검사를 연 1회 이상 공인기관에 의뢰해야 한다.
  - 음료류 등 직접 마시는 용도의 경우는 반기 1회 이상
    ※ 효과가 입증된 용수 살균·소독 장치 설치 필요

환경해양 기준의 생활환경 기준
수소이온 농도(pH) 6.5~8.5
총대장균군 1000 이하/100 mL
용매추출분 0.01 mg 이하/L

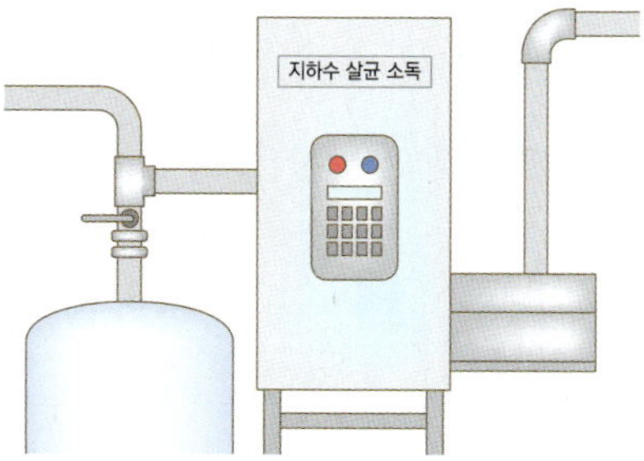

그림 9-13 용수관리

- 해수를 용수로 사용할 경우 「해양환경관리법」 제8조에 따른 환경해양 기준의 생활환경 기준에 적합한 것을 사용한다.
- 수질검사 결과, 이상이 발생한 경우에는 즉시 사용을 중단하고 관련 규정에 따라 조치한다.
- 용수 저장탱크는 잠금장치 설치 및 반기별 1회 이상 청소·소독 실시한다.
  - 용수 저장탱크 및 배관의 누수 및 오염 여부는 주기적 점검 및 기록 관리 필요

5. 작업 후 세척·소독

작업이 끝나면 작업장, 제조 시설·설비 및 도구 등 각 대상별로 주기적으로 세척 및 소독을 실시하여 교차오염을 방지해야 한다.

(1) 세척 또는 소독 대상

- 작업자 및 복장(위생복, 위생모, 위생화 등)
- 작업장 주변 및 작업실별 내부
- 식품 제조시설(이송배관 포함) 및 냉장·냉동 설비
- 용수 저장시설
- 보관·운반 시설과 운송차량, 운반도구 및 용기
- 모니터링 및 검사 장비
- 환기시설(필터, 방충망 등 포함)
- 폐기물 처리용기 및 세척·소독 도구
- 기타 필요사항

(2) 살균·소독 방법

살균과 소독의 방법으로는 물리적인 방법과 화학적인 방법으로 나눌 수 있으며 물리적인 방법에는 가열, 여과, 자외선 조사, 초음파 처리 등이 있고, 화학적인 방법으로는 염소화합물, 오존수, 에탄올, 암모늄제제, 과산화제제, 요오드제제, 젖산제제 등이 있다. 식품, 식기 및 조리기구의 살균소독을 위해서는 식품용 조리기구 및 용기·포장에 적합한 것을 사용해야 한다.

(3) 살균제

식품첨가물을 사용하며 제품에 표시된 사용방법을 꼭 지켜야 한다.

표 9-1 살균소독제의 종류 및 용도

	성분 및 함량	용도	희석방법	사용방법
식품: 식품첨가물(화학적 합성품) 사용	차아염소산나트륨 (유효염소 4%)	식품원료(생채소 중 가열조리공정이 없는 경우) 살균소독제	• 원액을 물과 400배(100 ppm) 희석하여 사용 • 원액 2.5 mL에 물을 채워 1 L로 함	• 식품 원료를 5분간 침지한 후 3회 이상 흐르는 물에 세척함
기계·기구류 : 식품첨가물(기구 등의 살균소독제) 사용	차아염소산나트륨 (유효염소 4%)	칼, 도마 등 식품기기, 작업대, 식품 취급 도구 등	• 원액을 물과 200배(200 ppm) 희석하여 사용 • 원액 5 mL에 물을 채워 1 L로 함	• 5분 이상 처리 후 별도의 헹굼 처리가 필요 없으며, 최대한 기울여 여액을 완전히 흘려 보낸 후 자연건조 또는 반드시 음용수로 헹굼 처리하여 제거해야 함 • 각 성분별 정해진 사용량을 초과하여 사용하지 말 것
	요오드 (1.75%)		• 원액 1.5 mL에 물을 채워 1 L로 함	
	에탄올		• 주정 원액 사용 시 700 mL에 물을 채워 1 L로 희석 • 알코올제제 : 원액 그대로 사용	• 분무기에 넣고 사용 후 제거함

출처 : 식품의약품안전처, 농수산물 위생관리 매뉴얼

표 9-2 전처리실 세척·소독 기준

부위	세척·소독 방법	도구	주기	담당자
바닥	• 빗자루로 찌꺼기, 오물 등을 제거한다. • 물을 분사하여 잔여 찌꺼기를 제거한다. • 세제를 묻힌 솔을 사용하여 이물질, 찌든 때 등을 제거한다. • 차아염소산나트륨 희석수를 분무하고 5분간 방치한다. • 물을 분사하여 헹궈내고 스크래퍼로 물기를 제거한다. 주요 부위 : 씽크대 하부, 작업대 후면 구석 등	빗자루, 솔, 스크래퍼, 세제, 소독수 분무기	1회/일	작업자
벽	• 세제를 묻힌 면걸레로 이물질을 제거한다. • 젖은 면걸레로 세제를 닦아낸다. • 소독된 면걸레로 다시 한 번 닦아낸다. 주요 부위 : 분쇄기 뒷벽 등	면걸레, 소독수 분무기	1회/일, 오염물질이 묻었을 경우	작업자
천장	• 세제를 묻힌 면걸레로 먼지 등을 제거한다. • 소독된 면걸레로 다시 한 번 닦아낸다. 주요 부위 : 배합기 상부 천장 등	면걸레, 소독수	1회/주	작업자
문	• 세제를 사용하여 면걸레로 이물질 및 때를 제거한다. • 젖은 면걸레로 세제 및 이물질을 제거한다. • 소독된 면걸레로 다시 한 번 닦아낸다.	세제, 면걸레, 소독수	1회/주	작업자
배수로	• 배수로 덮개를 개방하고 솔을 이용하여 찌꺼기를 제거한다. • 차아염소산나트륨 희석수를 분무하고 5분간 방치한다. • 물을 분사하여 헹궈내고 스크래퍼로 물기를 제거한다.	솔, 소독수 분무기, 스크래퍼	1회/일	작업자

표 9-3 충진실 시설·설비·도구의 세척·소독 기준

대상	부위	세척·소독 방법	도구	주기	담당자
충진기	충진 서비스 탱크	• 세제를 묻힌 수세미로 이물질을 제거하고 충분히 물 세척을 실시한다. • 스크래퍼로 물기를 제거하고 건조한다. • 소독수를 분무한다. 주요 부위 : 유입 배관, 배합 블레이드 등	수세미, 스크래퍼, 세제, 소독수 분무기	1회/일	작업자
	충진 노즐	• 노즐을 충진기에서 분리한다. • 싱크대에서 깨끗한 물에 담가 충분히 불린다. • 세제를 묻혀 솔로 세척한다. • 건조기에서 건조시킨 후 소독수를 분무한다. 주요 부위 : 충진노즐 패킹 등	면걸레, 소독수 분무기	1회/일, 오염물질이 묻었을 경우	작업자

(계속)

대상	부위	세척·소독 방법	도구	주기	담당자
충진기 대차	전체	• 세제를 묻힌 면걸레로 먼지 등을 제거한다. • 소독된 면걸레로 다시 한 번 닦아낸다. 주요 부위 : 대차 바퀴 등	면걸레, 소독수	1회/일	작업자
스쿠프	전체	• 물에 불려 세제를 묻힌 수세미로 세척한다. • 충분히 물로 헹군 다음 건조기에서 건조한다. • 소독수를 분무한다.	세제, 수세미, 소독수 분무기	1회/일	작업자

*본 내용은 예시로 작업장의 특성에 맞게 수정 보완이 가능하다.

그림 9-14 세척 또는 소독 관리

6. 작업 공간 위생관리

작업 공간이 협소한 경우 별도의 구역(일반구역, 청결구역) 구분 없이 시간차 생산 등을 통하여 교차오염을 예방하는 것이 가능하다 그림 9-15.

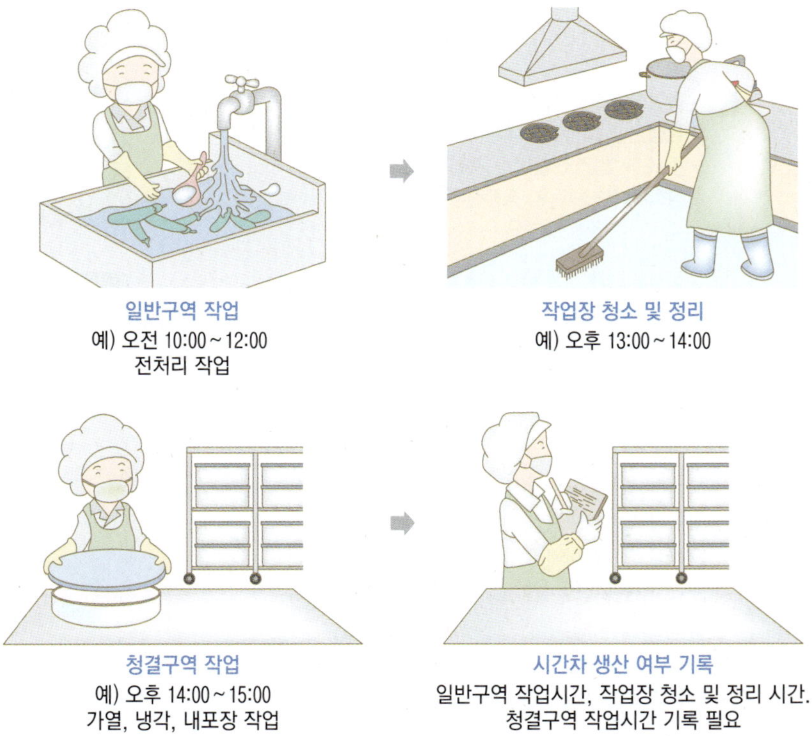

그림 9-15 작업 공간 위생관리

7. 부대시설 관리

위생전실, 화장실, 탈의실 등 부대시설의 불청결로 인하여 작업장이 교차오염되지 않도록 입·퇴실 동선을 준수하고 청결하게 관리해야 한다. 위생복을 착용한 상태에서는 음식물 섭취, 화장실 출입, 운동, 외출 및 출·퇴근 등 생산작업 외 다른 활동을 금지한다 그림 9-16.

위생전실

- 작업장 입퇴실 시 동선 준수
- 위생전실 설비 고장 여부 확인 및 청소 주기 설정 및 실시
- 손 소독 및 건조 설비 등 정상 작동 확인
- 장화 세척·소독 후, 정해진 곳에 보관

탈의실

- 위생복, 위생화를 벗고 외출복 환복
- 위생복과 위생화는 항상 청결히 유지
  ※ 교차오염 방지를 위하여 위생복과 외출복, 실내화와 외출화는 구분 보관
- 탈의실 청소 상태 주기적 관리
- 이불, 음식물 등 보관 금지

화장실

- 화장실 전용 신발 착용
- 퇴실 시 손 세척, 건조 및 소독 실시
- 화장실 청소 상태 주기적 관리
- 손 소독 및 건조 설비 등 정상 작동 확인

그림 9-16 부대시설 관리

8. 작업장 위생관리(출처 : 식품의약품안전처, 농산물 위생관리 매뉴얼)

(1) 작업장은 구분·구획한다

독립된 건물이거나 식품 제조·가공 이외의 용도로 사용되는 시설과 분리하여 교차오염을 최소화한다.

✕
작업장 외부에서 공정이 이루어지면 안됨

○
외부 오염물질 차단이 가능한 밀폐된 작업장에서 생산

(2) 작업장 내·외부, 배수로는 항상 청결하게 관리한다

작업장 주변 불필요한 물품은 정리정돈하고 해충, 쥐 등의 서식을 방지하기 위해 폐수·폐기물 처리시설 등은 격리된 장소에 설치한다. 폐기물이 방치되지 않도록 하고 주기적으로 방역을 실시하며 작업장 배수로는 배수가 잘 되고 퇴적물이 쌓이지 않도록 관리한다.

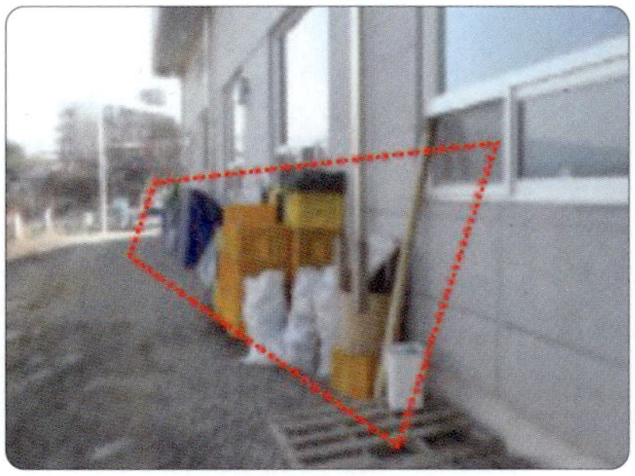

✕
작업장 주변에 폐기물 등을 방치하면 안됨

○
작업장 주변은 깔끔하게 정리, 정돈

(3) 작업장 출입문, 창문, 천장, 벽 등은 항상 밀폐관리한다

밀폐란 문을 닫았을 때 빛이 새어나오지 않는 상태를 말하며, 해충 침입 등을 방지하기 위하여 출입문 등의 밀폐 여부를 수시로 확인하여 틈새 등이 발생 시 보수한다.

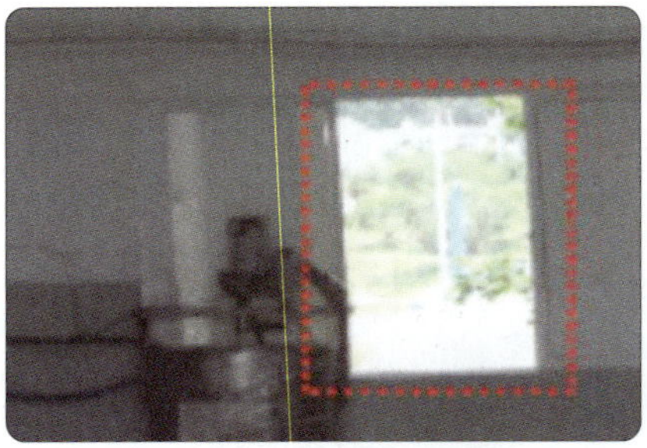

×
작업장 문을 열고 생산하면 안됨

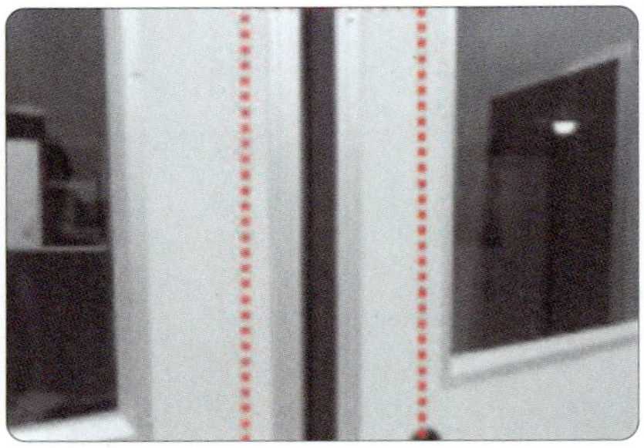

○
작업장 문 밀폐를 위하여 고무패드 부착

(4) 작업자 개인위생관리를 위한 세척·건조·소독 설비 등을 구비한다

이물 제거 → 세척 → 건조 → 소독의 순서로 위생 처리 후 작업장에 입실한다.

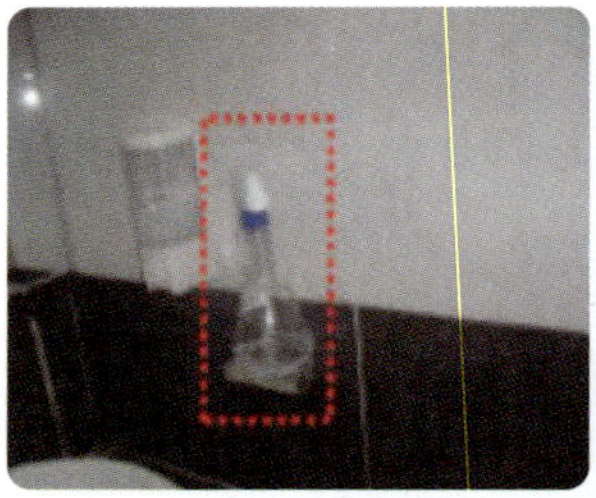

손소독기 대신 분무기 사용

에어샤워기 대신 끈끈이롤러 사용

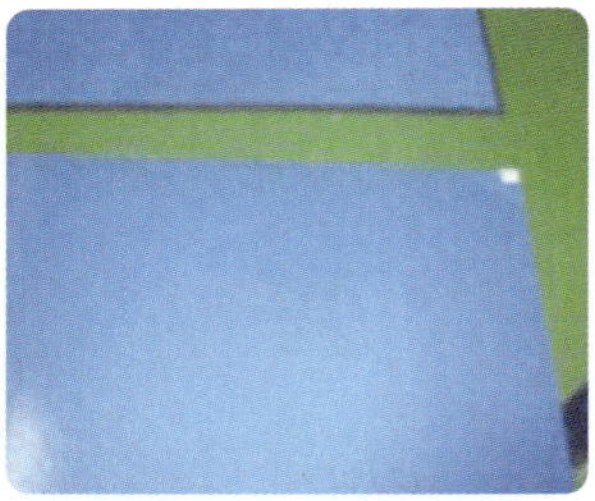

위생화 세척기 대신 발판테이프 사용

(5) 작업장 및 공정 중에 이물이 혼입되지 않도록 관리한다

- 작업장 내 발생 가능한 이물(설비보호 필름, 테이프 등)은 제거하여 사용한다.
- 작업도구 및 제조 설비 파손 여부를 수시로 확인하고, 파손 시 즉시 보수 또는 교체한다.
- 발생 가능성이 높은 이물 중 하나인 실과 금속조각 등은 사용하지 않는 것이 좋으나, 불가피할 경우 제품에 이물 혼입되지 않도록 대체방법을 찾는다. 예를 들면, 커터 칼은 일체형 칼로 바꾸고, 조명등에는 커버를 설치하며 유리창은 깨질 경우 파편이 주변으로 튈 수 있기 때문에 강화유리 또는 코팅지를 부착한다.

• 기계류 등에 사용하는 윤활유 등은 제품에 혼입되지 않도록 보호커버 등을 설치하고, 설비의 기름때, 녹 등이 제품에 혼입되지 않도록 관리한다.

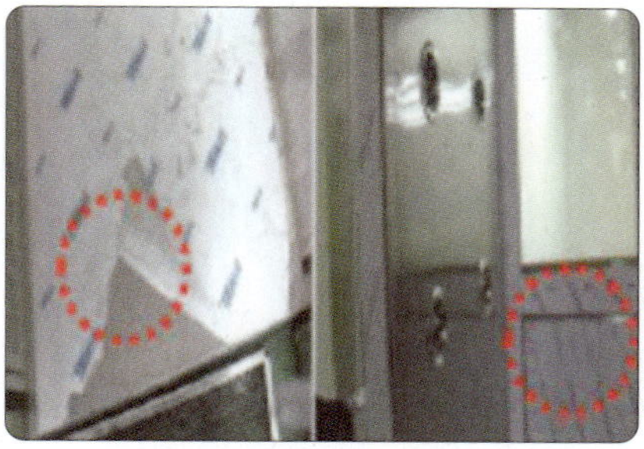

✕
설비 필름지 조각은 이물로 혼입될 수 있음

○
필름지, 테이프 등은 제거해야 함

CHAPTER 10

식품안전관리인증기준 (HACCP)

1. HACCP의 개요 / 2. 선행요건 / 3. HACCP plan의 개발
4. HACCP 도입 효과 / 5. 우리나라의 HACCP 인증 현황

1. HACCP의 개요

1) HACCP 도입 배경

불량 만두소 사고(2004년 6월), 기생충알 김치 사고(2005년 10월 10일), 장어에서 말라카이트그린 검출 사고(2005년 7월), 과자의 멜라민 사고(2008년 9월 12일), 쥐머리 추정 이물 사고(2008년 3월 13일), 학교 급식에서의 노로바이러스 식중독 사고(2019년 11월) 등 식품안전 관련 사건·사고는 점차 대형화되면서 지속적으로 발생하고 있다.

식품 위생·안전사고는 소비자들이 직접 그 식품을 섭취하거나 해를 입지 않았더라도 위해를 지각하여 구매를 중단하기 때문에 제품 판매율과 영업이익, 주가가 하락하는 등 그 여파가 급속도로 확산되는 경향이 있다. 하지만 국내 식품 위해관리는 해외 선진 사례에 비해 사전적 예방보다는 후속 조치에 초점을 맞추고 있다. 이러한 식품 안전 사고가 증가됨에 따라 식품 및 축산물의 가공·유통 과정에서 HACCP 적용 의무화 업종은 확대되고 있으며, HACCP에 대한 소비자 인지도 향상으로 식품산업에서 HACCP 자율 적용 수요는 급격하게 증가되고 있다.

표 10-1 HACCP 방식과 기존 위생관리 방식 비교

항목	종래 방법	HACCP 제도
조치단계	문제 발생 후 관리	문제 발생 전 선조치
숙련 요구성	시험 결과의 해석에 숙련 요구	이화학적 항목에 대한 관리로 전문적 숙련 불필요
신속성	시험 분석에 장시간 소요	필요시 즉각적 조치 가능
소요비용	제품 분석에 많은 비용 소요	도입 이후 운영비 저렴
공정관리	최종검사에 의존	공정관리(CCP 관리)
평가범위	제한된 시료만 평가	중요관리점에서 많은 시료 측정 가능
위해관리 범위	규정된 위해요소만 관리	선정된 많은 위해요소 관리
안전성 관리자	숙련된 사람만 가능	비숙련자도 가능

2) HACCP의 정의

HACCP는 위해요소 분석hazard analysis과 중요관리점critical control point의 영문 약자로서 해썹 또는 식품 및 축산물 안전관리인증기준이라 한다.

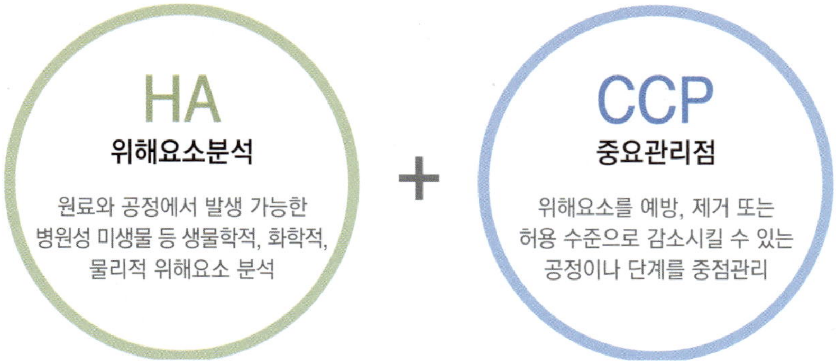

그림 10-1 HACCP의 정의
출처 : 한국식품안전관리인증원

위해요소 분석이란 "생물학적, 화학적, 물리학적 위해를 미리 예측하여 그 위해요인을 사전에 파악하는 것"을 의미하며, 중요관리점이란 "위해요소를 예방, 제거 또는 한계기준 이하로 감소시킬 수 있는 작업공정이나 단계"를 말한다. 즉, 해썹HACCP은 위해 방지를 위한 사전 예방적 식품안전관리체계를 말한다. 해썹은 식품의 제조, 가공, 조리, 운반, 저장, 취급, 유통, 섭취의 전 과정에서 원·부재료별, 제조공정별 발생 가능한 물리적, 생물학적, 화학적 위해요소를 분석하고 중요관리점을 설정, 관리하여 위해요소를 제거하거나 일정 수준 이하로 감소시키기 위한 과학적이고 체계적인 식품안전관리시스템이다.

해썹은 전 세계적으로 가장 효과적이고 효율적인 식품안전관리체계로 인정받고 있으며, 미국, 일본, 유럽연합, 국제기구(Codex, WHO, FAO) 등에서도 모든 식품에 해썹를 적용할 것을 적극 권장하고 있다.

3) HACCP의 역사

HACCP은 1959년 우주개발계획 중 우주인에게 무결점 식품을 공급하기 위해 미항공우주국NASA의 요청으로 미국 필스버리Philsbury사에서에서 처음으로 도입되었다. 이후, 1993년 국제식품규격위원회CODEX가 식품 안전성 확보 수단으로 각국에 HACCP 도입을 권고하고, 1995년 WTO/SPS 협정 이후 교역식품에 HACCP를 적용토록 요구할 수 있게 됨으로써 각국은 서둘러 HACCP를 도입하고 있다.

우리나라는 1995년「식품위생법」에 위해요소중점관리기준 규정을 신설하고 1996년 '식품위해요소 중점관리기준'을 제정함으로써 HACCP 제도를 본격적으로 도입하여 운영하게 되었다. HACCP 의무적용 도입은 2002년「식품위생법」에 근거를 마련하여, 2003년 8월 어묵류 등 6개 품목을 의무적용대상 식품(2006년 12월 배추김치 추가)으로 지정하였으며, 2005년 10월 '식품위해요소중점관리기준'을 개정하여 의무적용 품목의 연매출액과 종업원 수에 기초하여 2006년부터 2012년까지 단계적으로 시행하였다. 2014년 5월「식품위생법」시행규칙을 개정하여 과자류 등 8개 품목을 의무적용대상으로 추가 지정하였으며, 의무적용 품목의 2013년 매출액과 종업원 수에 기초하여 2014년부터 2020년까지 단계적으로 시행하고 있다.

축산물분야는 축산물 HACCP의 효율적인 운영을 위하여 1997년 12월 축산물 가공처리법(현 축산물 위생관리법)을 개정하여 도축장 및 축산물가공장(식육포장 처리업 포함)에 동 제도를 도입하였다. 우리나라의 축산물 HACCP은 총 9단계(농장-사료-도축-집유-식육 포장처리-가공-보관-운반-판매)로 적용하고 있으며, 양축 농가의 경쟁력 확보 및 소비자에게 안전한 축산물을 공급하기 위한 노력을 기울이고 있다.

표 10-2 HACCP 관련 고시 주요 연혁 및 의무적용 추진 현황

일시	내용
1996. 12	식품위해요소중점관리기준(보건복지부 고시) 제정
1997. 10	어육가공품 중 어묵류 HACCP 적용품목 추가
1998. 2	냉동수산식품 중 어류 등 HACCP 적용품목 추가
2000. 10	집단급식소·식품접객업소의 조리식품, 도시락류 HACCP 적용품목 추가 수출용 식품의 HACCP 기준 마련
2002. 6	비가열음료, 레토르트식품 HACCP 적용품목 추가 비고시 HACCP 적용기준 심의기준 마련
2003. 8	어묵류 등 6개 식품유형에 HACCP 의무화 규정 신설(식품위생법 제48조제2항) 의무적용 대상품목 지정(식품위생법시행규칙) ① 어묵류, ② 냉동식품(피자류·만두류·면류), ③ 냉동수산식품(어류·연체류·조미가공품), ④ 빙과류, ⑤ 비가열음료, ⑥ 레토르트 식품, ⑦ 배추김치
2005. 10	김치절임식품 등 HACCP 적용 대상 추가 식품위해요소중점관리기준 용어 및 7원칙 12절차 내용 추가 건강기능식품제조가공업소 HACCP 적용대상 추가 의무적용 시행시기 규정 6개 식품 의무적용 세부기준(적용시기) 마련(고시) - 업체 규모에 따라 1단계(2006.12)~4단계(202.12) 시행 ※ 배추김치는 2008.12(1단계)~2014.12(4단계) 시행(2008.4 고시) 일반위생관리기준과 식품위생법 시설기준을 선행요건으로 확대 통·폐합
2006. 12	배추김치 의무적용 대상 지정
2008. 4	생식류, 고춧가루, 면류 중 국수·냉면·당면·유탕면류 HACCP 적용대상 추가 비고시품목 HACCP 적용 심의기준 개선
2008. 5	HACCP 평가기준 개선
2009. 3	신선편의식품, 단순전처리식품, 기타가공품, 냉장수산물가공품, HACCP 적용 대상 추가 HACCP 지정신청 구비서류를 명확히 규정 HACCP 지도관 자격요건 개선 HACCP 평가 기준 개선
2009. 8	기타식품판매업소 판매식품 HACCP 적용대상 추가 식품별 평가사항(개별 평가기준) 삭제 HACCP 지정 및 정기조사평가 기관 변경 비고시품목에 대한 별도의 심의제도 폐지
2010. 11	소규모 업소에 맞는 HACCP 관리기준 마련

(계속)

일시	내용
2011. 6	식품소분업소의 소분식품, 과자류, 음료류, 다류, 주류(탁주) HACCP 적용 대상 추가 의무적용 유예 범위 기한 확대 식품접객업소, 식품소분업소 HACCP 관리기준 개선 소규모 HACCP 관리기준 적용범위 확대 HACCP 지도관 자격 요건 개선
2012. 5	HACCP 정기조사평가 차등관리제 도입(고시) 선행요건관리기준서 간소화 규정 마련
2013. 12	HACCP 지정 및 사후관리 평가 시 '과락제' 도입(고시)
2014. 5	HACCP 한글 명칭(식품위해요소중점관리기준 → 식품안전관리인증) 변경(식품위생법) 8개 품목 및 100억 매출업체 의무적용 대상 지정(식품위생법 시행규칙) ① 과자·캔디류, ② 빵류·떡류, ③ 초콜릿류, ④ 어육소시지, ⑤ 음료류, ⑥ 즉석섭취식품, ⑦ 국수·유탕면류, ⑧ 특수용도식품 한국식품안전관리인증원 법적 근거 마련
2014. 12	식품위해요소중점관리기준 → 식품안전관리인증기준(고시명 변경, HACCP 로고 변경) 부적합 이력업체 중 학교급식 납품 시 연 2회 정기 조사·평가(고시) 정기 조사·평가 우수(95점 이상) 외 양호(90점 이상) 등급 추가(고시) 식품 이력 추적 등록제품 인센티브 부여(고시)
2015. 8	HACCP 적용 부실업체 행정조치 강화(one-strike-out제 시행)
2015. 12	식품 및 축산물 안전관리인증기준 제정 고시
2016. 4	의무적용 대상품목 지정 ① 순대, ② 떡볶이떡 (떡류), ③ 알가공품
2016. 8	인증 연장심사 도입 및 시행
2016. 12	① 과자·캔디류, ② 빵류·떡류, ③ 초콜릿류, ④ 어육소시지, ⑤ 음료류, ⑥ 즉석섭취식품, ⑦ 국수·유탕면류, ⑧ 특수용도식품 위 8개 식품 대상업체 중 2013년 매출액 5억 원 이상 종업원 21인 이상 업체 HACCP 의무적용
2018. 12	① 과자·캔디류, ② 빵류·떡류, ③ 초콜릿류, ④ 어육소시지, ⑤ 음료류, ⑥ 즉석섭취식품, ⑦ 국수·유탕면류, ⑧ 특수용도식품 위 8개 식품 대상업체 중 2013년 매출액 1억 이상, 종업원 6인 이상 업체 HACCP 의무적용
2020. 12	① 과자·캔디류, ② 빵류·떡류, ③ 초콜릿류, ④ 어육소시지, ⑤ 음료류, ⑥ 즉석섭취식품, ⑦ 국수·유탕면류, ⑧ 특수용도식품 위 8개 식품 대상업체 중 2013년 매출액 1억 미만, 종업원 5인 이하 업체 HACCP 의무적용

출처 : 한국식품안전관리인증원

4) HACCP 적용 분야

식품 및 즉석판매제조·가공업, 건강기능식품 및 식품첨가물제조업, 식품소분업, 집단급식소 및 기타식품판매업, 식품접객업 및 집단급식소 등 식품의 제조, 가공, 유통, 외식, 급식의 모든 분야에 적용되고 있다. 2003년 어묵류 등 6개 식품 유형에 식품안전관리 의무화 규정을 신설한 이래 2006년 배추김치, 2014년 과자·캔디류 등 8개 품목 및 100억 매출업체, 2016년 순대·떡볶이떡(떡류)에 대해 식품안전관리인증을 의무적으로 적용하고 있으며, 연매출 및 종업원 수에 따라 2020년까지 단계별 의무적용 대상으로 관리되고 있다.

신청업소에 대하여 서류 검토 및 현장 실사를 실시하여 식품안전관리인증기준의 적용에 적합하다고 인정되는 경우 인증서를 발급하고 있으며 안전한 식품 소비를 위하여 식품안전관리인증기준 대상 식품을 점차 확대하고 있다.

표 10-3 식품안전관리인증의 적용대상

적용업종	세부업종 및 적용품목
식품제조·가공업소	과자류, 빵 또는 떡류, 코코아가공품류 또는 초콜릿류, 잼류, 설탕, 포도당, 과당, 엿류, 당시럽류, 올리고당류, 식육 또는 알함유가공품, 어육가공품, 두부류 또는 묵류, 식용유지류, 면류, 다류, 커피, 음료류, 특수용도식품, 장류, 조미식품, 드레싱류, 김치류, 젓갈류, 조림식품, 절임식품, 주류, 건포류, 기타 식품류
건강기능식품제조업소	영양소, 기능성 원료
식품첨가물 제조업소	식품첨가물, 혼합제제류
식품접객업소	위탁급식영업, 일반음식점, 휴게음식점, 제과점
즉석판매제조·가공업소, 식품소분업소, 집단급식소식품판매업소, 기타식품판매업소, 집단급식소	

출처 : 한국식품안전관리인증원

5) HACCP 적용 절차

식품제조·가공업체 및 집단급식소에서 해썹은 다음과 같은 절차로 적용된다.

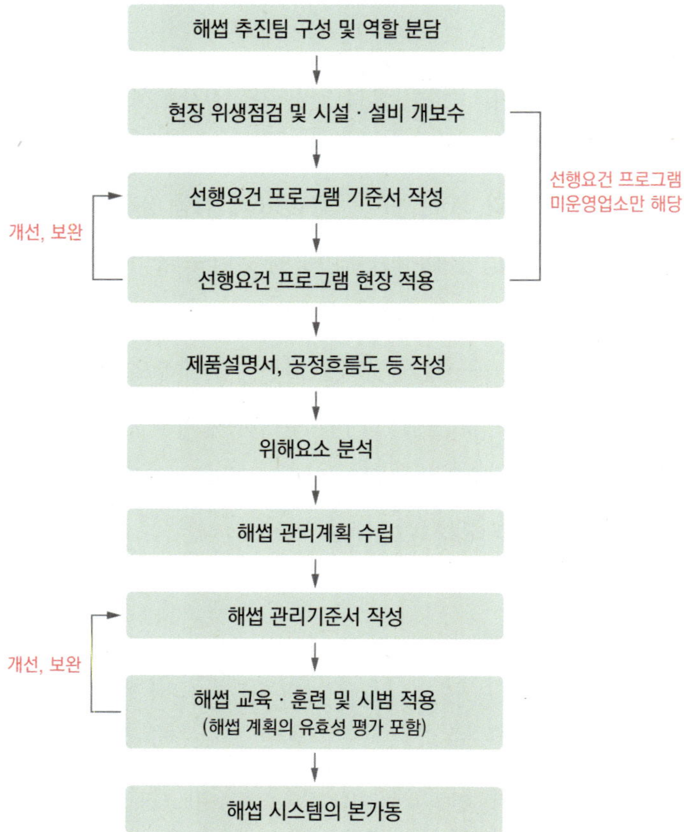

그림 10-2 HACCP 추진 절차

출처 : 한국식품안전관리인증원

step 1. 해썹 추진팀 구성 및 역할 분담

품질관리, 생산, 공정관리, 연구 개발 등 다양한 분야의 직원으로 해썹팀을 구성하고 팀장 및 팀원별로 각각 구체적이고 실질적인 역할을 분담한다.

step 2. 현장 위생점검 및 시설·설비 개보수

식품을 위생적으로 생산·조리하기 위한 기본적인 위생 시설·설비 및 위생관리 현황을 점검하고 기본적인 GMP, SSOP 구축·운영에 필요한 문제점을 개선·보완한다.

step 3. 선행요건 프로그램 기준서 작성 및 현장 적용

① 영업장 관리, ② 위생관리, ③ 제조시설·설비 관리, ④ 냉장·냉 동 설비관리, ⑤ 용수관리, ⑥ 보관·운송 관리, ⑦ 검사관리, ⑧ 회수 프로그램 관리를 포함하는 선행요건 프로그램 기준서를 작성하여 현장 적용 후 실행상의 문제점·개선점을 파악한 후 기준서를 개정한다.

step 4. 제품설명서, 공정흐름도 등 작성

제품설명서(제품성분, 규격, 유통기한, 사용용도 등), 제조·가공·조리공정도, 작업장 평면도, 공조시설 계통도, 용수 및 배수 처리 계통도 등을 작성하여 위해분석의 기초자료로 활용한다.

step 5. 위해요소 분석, 해썹 관리계획 수립

원·부재료별 제조공정별 발생 가능한 위해요소들에 대한 위해평가를 실시하고 중요관리점, 한계기준, 모니터링 방법, 기준 이탈 시 개선조치방법 등을 포함하는 해썹 관리계획을 수립한다.

step 6. 해썹 관리기준서 작성

해썹팀 구성, 제품설명서, 공정흐름도, 위해요소 분석, 중요관리점 결정, 한계기준 설정, 모니터링 방법의 설정, 개선조치, 검증, 교육훈련, 기록 유지 및 문서화 등을 포함하는 해썹 관리기준서를 작성한다.

step 7. 해썹 교육·훈련 및 시범 적용

현장 종업원, 관리자, 해썹 팀원 등을 대상으로 수립된 해썹 관리계획에 대한 교육·훈련 후 현장에 시범 적용하여 실제 수립된 계획이 현장에 적용하였을 경우 효과적으로 적용·

운영되는지 반드시 확인하는 유효성 평가를 실시한다.

step 8. 해썹 시스템의 본가동

유효성 평가 결과를 해썹 관리계획에 반영하여 문제점을 개선하여 해썹 시스템을 본격적으로 운영하고 지방식품의약품안전청에 해썹 적용업체 인증 신청을 한다.

2. 선행요건

1) 선행요건 개요

해썹을 적용하고자 하는 업소의 영업자는 관련 법적 요구사항을 준수하면서 위생적으로 안전한 식품을 생산하기 위한 선행요건 프로그램을 먼저 개발하여 시행하여야 한다. 선행요건 프로그램은 제품 생산의 각 공정에서 식품안전성을 확보하기 위해 마련된 위생 조건이나 절차로 우수 제조 기준GMP과 표준 위생관리 기준SSOP로 구성된다.

선행요건 프로그램은 ① 영업장 관리, ② 위생관리, ③ 제조시설·설비 관리, ④ 냉장·냉동 설비관리, ⑤ 용수관리, ⑥ 보관·운송 관리, ⑦ 검사관리, ⑧ 회수 프로그램 관리 등 8개 항목으로 구성되어 있다. 영업자는 이들 분야별로 작업담당자, 작업내용, 실시빈도, 실시상황의 점검 및 기록방법을 정하여 구체적인 관리기준서를 작성하여 종업원이 준수하도록 시행하고 이에 대한 기록을 보관·유지하여야 한다.

(1) 영업장 관리

작업장은 독립된 건물이거나 식품 취급 외의 용도로 사용되는 시설과 분리되어야 하며, 청결구역과 일반구역으로 나누고 교차오염 방지를 위하여 벽 등으로 분리, 구획 또는 구분하여 사용하여야 한다.

표 10-4 작업장 구획 예시

구분	내포장 이전에 가열(또는 소독) 공정이 있는 경우	내포장 이후에 가열(또는 소독) 공정이 있는 경우	전체 공정에 가열(또는 소독) 공정이 없는 경우
청결구역	• 가열공정 이후의 작업구역 중 식품이 노출 상태로 취급되는 제조가공 구역 • 내포장 작업구역	• 식품이 노출 상태로 취급되는 작업구역 중 제조가공 작업구역 • 내포장 작업구역	• 식품이 노출 상태로 취급되는 작업구역 중 제조가공 작업구역 • 내포장 작업구역
준청결구역	• 가열공정이 포함된 작업구역	• 식품이 노출 상태로 취급되는 작업구역 중 전처리 외 구역	• 식품이 노출 상태로 취급되는 작업구역 중 전처리 외 구역
일반구역	• 식품을 내포장 상태로 취급하는 구역 • 전처리 작업구역	• 식품을 내포장 상태로 취급하는 구역 • 전처리 작업구역	• 식품을 내포장 상태로 취급하는 구역 • 전처리 작업구역

출처 : 한국식품안전관리인증원

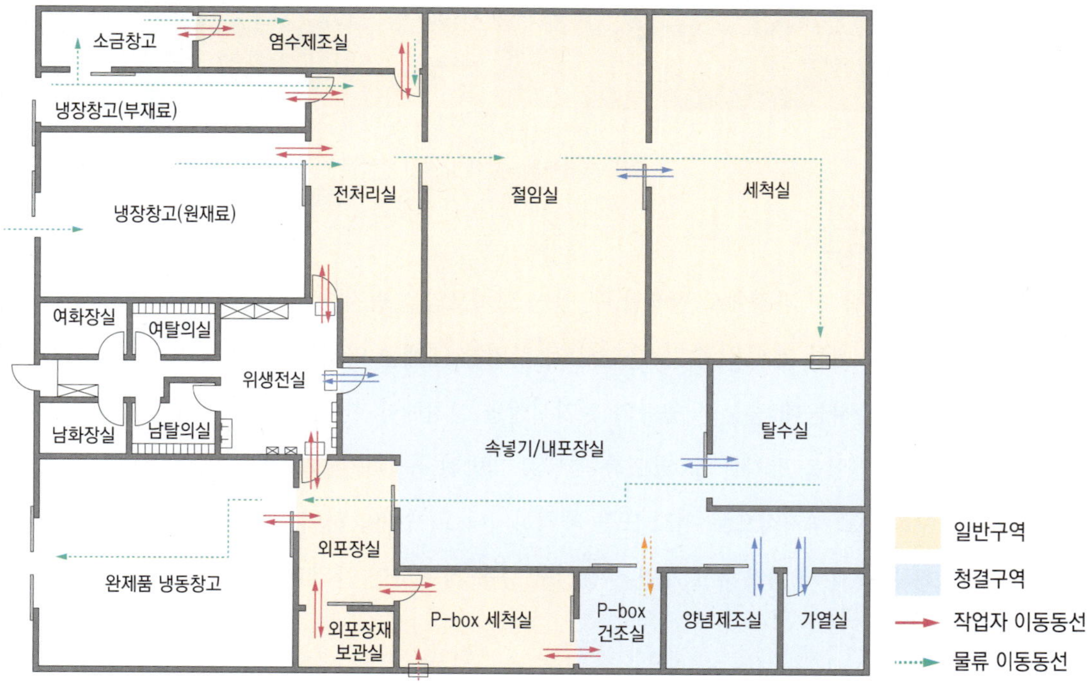

그림 10-3 작업장 평면도 예 : 물류/작업자 이동동선 예시

출처 : 식품의약품안전처, 알기 쉬운 HACCP 관리

건물 바닥, 벽, 천장은 내수성·내열성·내약품성·항균성·내부식성 등의 재질을 사용하며 파여 있거나 갈라진 틈이나 구멍이 없어야 한다. 배수구, 배수관은 역류가 되지 아니 하도록 하며 작업장 출입구에는 작업실 특성에 따라 세척 또는 건조·소독 설비 등을 구비해야 한다. 작업장 내부 통로는 종업원 등의 이동에 지장이 없도록 타용도로 사용하지 않아야 하며, 이동경로를 표시하여 교차오염을 방지해야 한다. 채광 및 조명은 내부식성 재질로 식품이 노출되거나 내포장 작업을 하는 작업장에는 파손이나 이물 낙하 등에 의한 오염을 방지하도록 적절한 보호장치를 하고, 육안 확인이 필요한 선별 및 검사 구역은 540룩스 이상을 유지해야 한다.

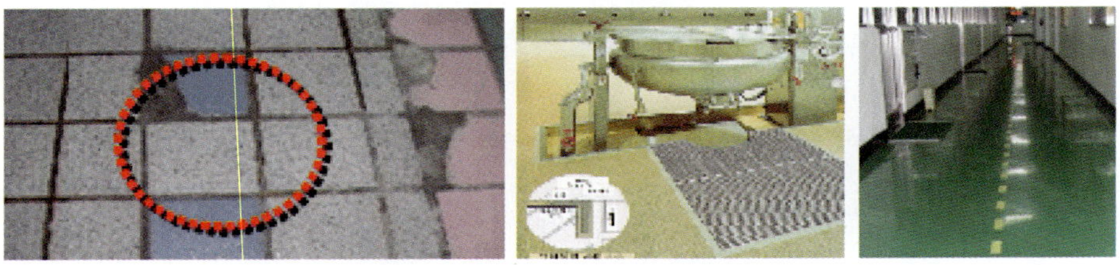

출처 : 식품의약품안전처, 알기 쉬운 HACCP 관리

(2) 위생관리

작업장 전 과정에서 발생할 수 있는 교차오염을 방지하기 위하여 물류 및 출입자의 이동 동선에 대한 계획을 수립·운영하고, 작업장 내에는 악취나 이취, 유해가스, 매연, 증기 등을 배출하는데 충분한 용량의 환기시설을 설치해야 한다. 작업장은 해충이나 설치류 등의 유입·번식을 방지할 수 있도록 외부로 개방된 흡·배기구 등에는 여과망이나 방충망 등을 부착하고 주기적으로 청소 또는 세척하거나 교체해야 하며, 종업원은 위생복·위생모·위생화 등을 항시 착용하고 개인용 장신구 등을 착용하면 안된다.

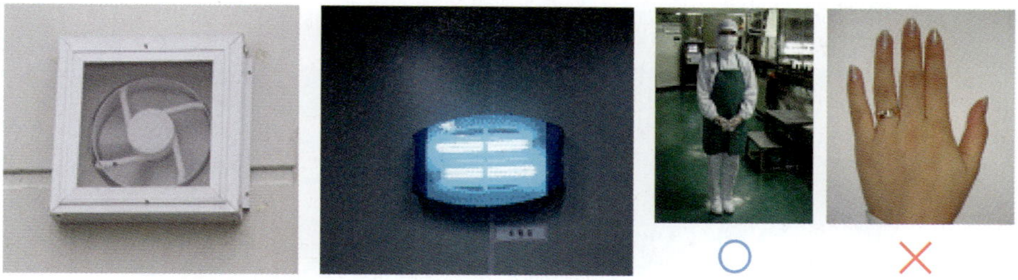

출처 : 식품의약품안전처, 알기 쉬운 HACCP 관리

(3) 제조시설 설비관리

제조·가공 공정 간 또는 취급 시설·설비 간 오염이 발생되지 않도록 공정의 흐름에 따라 적절히 배치하고 공업용 윤활유나 물리적 위해요인에 의한 오염이 발생하지 않도록 위생적으로 설치·운영해야 한다. 인체에 무해한 내수성·내부식성 재질로 세척이 쉽고 열탕·증기·살균제 등으로 소독·살균이 가능하여야 하며, 청소가 용이한 구조로 온도를 높이거나 낮추는 처리시설에는 온도 변화를 측정·기록하는 장치를 설치·구비·관리해야 한다.

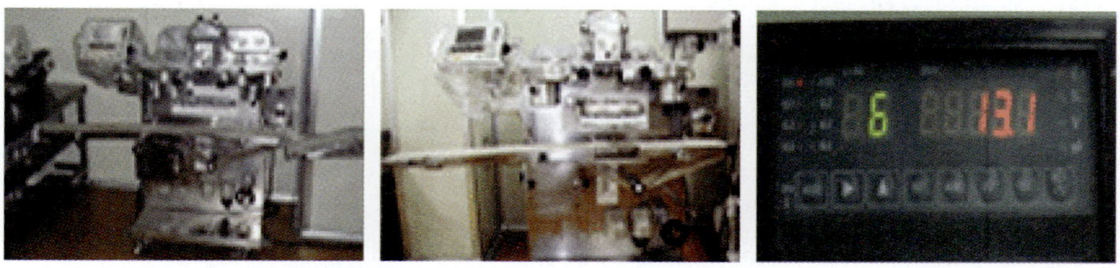

출처 : 식품의약품안전처, 알기 쉬운 HACCP 관리

(4) 냉장·냉동 시설 설비관리

냉장시설은 내부의 온도를 10℃ 이하(다만 신선편의식품, 훈제연어, 가금육은 5℃이하 보관 등 보관온도 기준이 별도로 정해진 식품의 경우에는 그 기준을 따른다), 냉동시설은 -18℃ 이하로 유지해야 하고, 외부에서 온도 변화를 관찰할 수 있어야 하며, 온도 감응장치의 센서는 온도가 가장 높게 측정되는 곳에 위치해야 한다. 또한 정기적으로 점검·정비를 실시하며 그

결과를 기록·유지해야 한다.

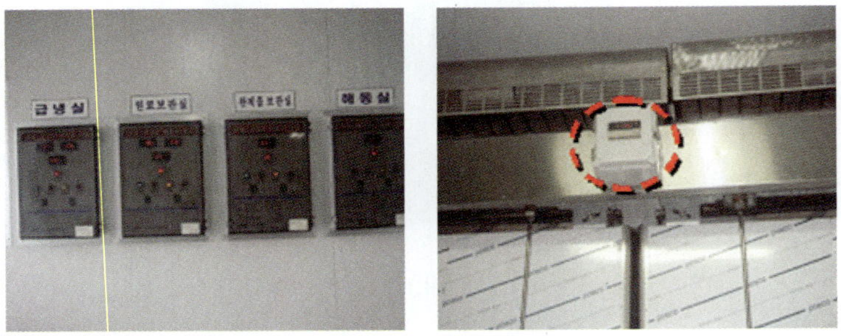

출처 : 식품의약품안전처, 알기 쉬운 HACCP 관리

(5) 용수관리

식품 제조·가공에 사용되는 용수는 수돗물이나 먹는물 수질기준에 적합한 지하수이어야 하며, 지하수를 사용하는 경우에는 먹는물 수질기준 전 항목에 대하여 연 1회 이상(음료류 등 직접 마시는 용도의 경우는 반기 1회 이상) 검사를 실시해야 한다. 용수 저장탱크, 배관 등은 인체에 유해하지 않은 재질을 사용하며, 외부로부터의 오염물질 유입을 방지하는 잠금장치를 설치하여 관리한다.

(6) 보관·운송 관리

구입 및 입고 시 검사성적서로 확인되거나 자체적으로 정한 입고 기준 및 규격에 적합한 원·부자재만 사용한다. 운반 중인 식품은 비식품 등과 구분하여 교차오염을 방지하고, 운송차량은 냉장의 경우 10℃ 이하, 냉동의 경우는 -18℃ 이하를 유지할 수 있어야 하며, 외부에서 온도 변화를 확인할 수 있는 온도 기록장치를 부착한다. 원·부자재를 보관할 때는 선입선출 원칙에 따른 입·출고 상황을 관리·기록하고, 원·부자재 및 완제품을 명확히 구분하여 바닥이나 벽에 밀착되지 않도록 적재·관리해야 한다.

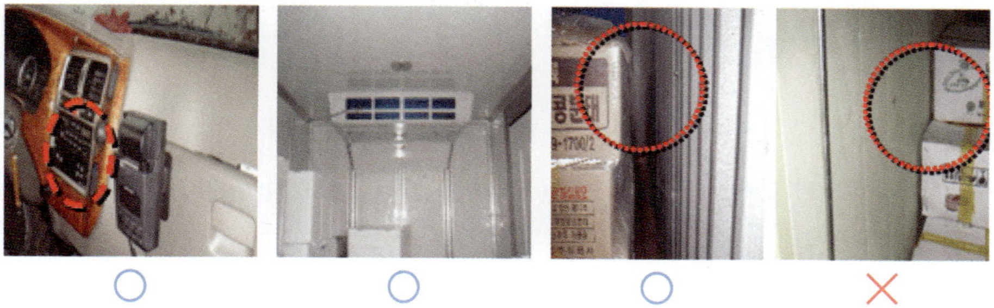

출처 : 식품의약품안전처, 알기 쉬운 HACCP 관리

(7) 검사관리

제품검사는 자체 실험실 또는 검사기관과의 협약에 의하여 실시하며, 검사결과는 검체명, 제조 연월일 또는 유통기한(품질유지기한), 검사 연월일, 검사항목, 검사기준 및 검사결과, 판정결과 및 판정 연월일, 검사자 및 판정자의 서명날인 등을 구체적으로 기록한다. 온도 측정장치는 연 1회 이상 교정하고 기록을 유지하며 작업장의 청정도 유지를 위한 정기적인 공중낙하 세균 등의 검사·관리를 해야 한다.

(8) 회수관리

원료 공급에서 가공, 유통, 판매업소까지 구체적인 회수 절차나 방법을 기술한 회수 프로그램을 수립·운영해야 한다. 생산 장소·일시, 제조라인 등 해당 시설 내 필요한 정보를 기록·보관하고, 제품 추적을 위한 코드 표시 또는 로트관리 등 적절한 확인방법을 강구해야 한다.

3. HACCP plan의 개발

HACCP 관리는 준비 5단계와 7가지 원칙을 바탕으로 실행된다. 준비 5단계는 HACCP팀의 구성, 제품설명서 작성, 대상 식품의 용도 확인, 공정흐름도 작성, 공정흐름도 현장 확인

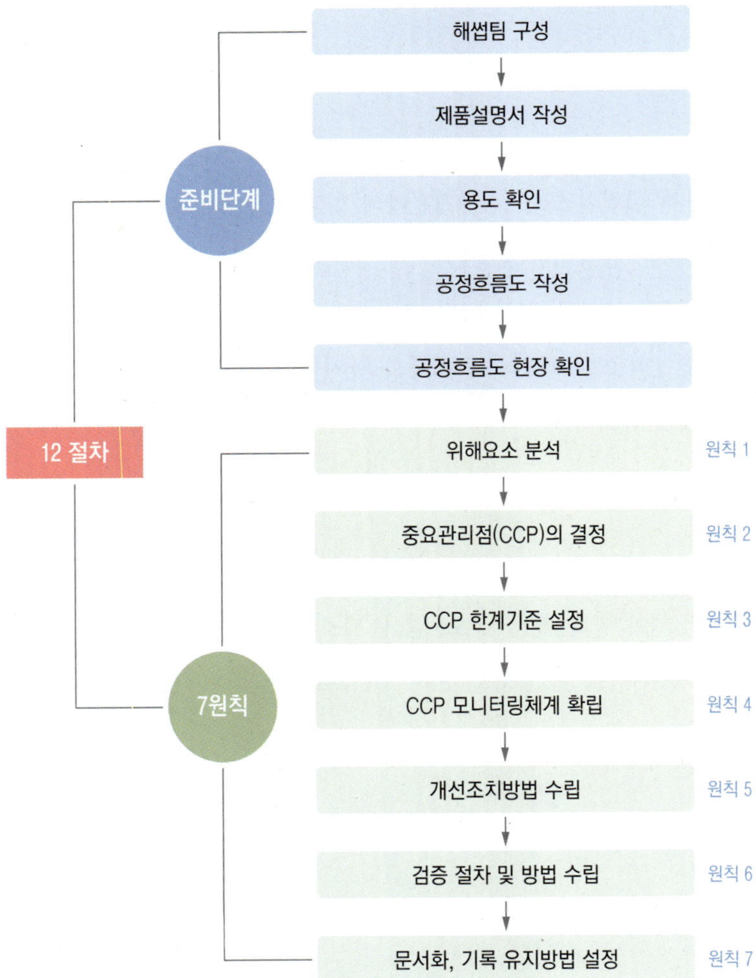

그림 10-4 HACCP 12절차

으로 구성된다. 7가지 적용원칙으로는 위해요소 분석, 중요관리점CCP 결정, 중요관리점 한계기준 설정, 모니터링체계 확립, 개선조치방법 수립, 검증 절차 및 방법 수립, 문서화 및 기록 유지 설정으로 이루어져 있다.

1) 준비 5단계

(1) HACCP팀의 구성

HACCP을 적용하기 위한 첫 번째 단계는 해썹팀을 구성하는 것이다. 업체의 해썹 도입과 성공적인 운영은 최고경영자의 실행 의지가 결정적인 영향을 미치므로 해썹팀을 구성할 때는 어떤 형태로든 최고경영자의 직접적인 참여를 포함시키는 것이 바람직하며, 또한 업체 내 핵심요원들을 팀원에 포함시켜야 한다.

해썹 plan의 개발 및 운영에 필요한 해썹팀의 규모는 업체 규모 및 여건에 따라 다르기 때문에 일정하지 않다. 일반적으로 해썹 팀장은 업체의 최고책임자(영업자 또는 공장장)가 되는 것을 권장하며, 팀원은 제조·작업 책임자, 시설·설비의 공무관계 책임자, 보관 등 물

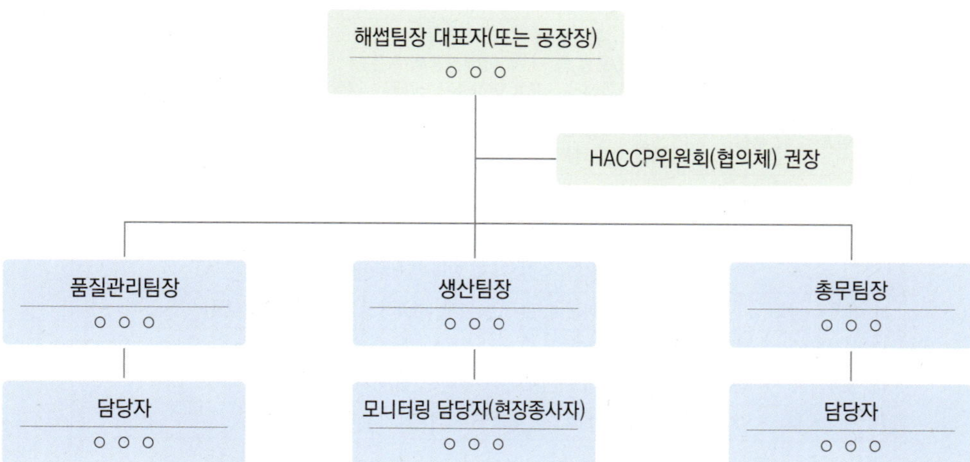

그림 10-5 HACCP팀의 구성(예시)

<table>
<tr><th colspan="4">제 품 설 명 서</th></tr>
<tr><td>1. 제품명</td><td colspan="3">HACCP</td></tr>
<tr><td>2. 제품유형</td><td colspan="3">식품공전상 식품유형</td></tr>
<tr><td>3. 품목 제조보고 연월일 및 보고자</td><td colspan="3">2015.00.00. 보고자 ○○○(품목제조보고서 보고자)</td></tr>
<tr><td>4. 작성 연월일 및 작성자</td><td colspan="3">2015.00.00. 작성자 ○○○(제품설명서 작성자)</td></tr>
<tr><td>5. 성분 배합비율(%)</td><td colspan="3">물엿 00%, 고과당 00%, 가당연유 00%, 유화제 00%, 로커스트빈검 00%, 잔탄검 00%, 정제염 00%, 파인애플 00%, 정제수 00%</td></tr>
<tr><td>6. 제조(포장)단위</td><td colspan="3">500 g, 1 kg, 2 kg</td></tr>
<tr><td rowspan="5">7. 완제품 규격</td><td>구분</td><td>법적 규격</td><td>자사 규격</td></tr>
<tr><td>성상</td><td colspan="2">고유의 향미를 가지고 이미·이취가 없어야 합니다.</td></tr>
<tr><td>생물학적</td><td>세균수 : n=5, c=2, M=500,000, m=100,000
대장균 : n=5, c=2, M=10, m=0</td><td>일반세균 : 3,000 cfu/mL 이하
대장균군 : 10 cfu/mL
대장균 : n=5, c=2, M=10, m=0
리스테리아 : 음성
장출혈성 대장균 : 음성
황색포도당구균 : 음성
⋮</td></tr>
<tr><td>화학적</td><td colspan="2">아질산이온(g/kg) : 0.05 이하</td></tr>
<tr><td>물리적</td><td>이물 : 불검출</td><td>이물 : 불검출
금속성이물
철 : 0.0 mmΦ
스테인레스 : 0.0 mmΦ
이상 불검출</td></tr>
<tr><td>8. 보관·유통상 주의사항</td><td colspan="3">보관 : 제품 생산 후 -20℃ 이하 냉동창고 보관
운송 : 차량 운송 중 -18℃ 이하 냉동차로 운송
유통 : 유통과정 중 -18℃ 이하 유지 상태로 유통</td></tr>
<tr><td>9. 포장 방법 및 재질</td><td colspan="3">포장방법 : 개별 용기 포장 후, 박스 포장
포장재질 : 내포장-용기류(폴리프로필렌-PP), 외포장-골판지</td></tr>
<tr><td>10. 표시사항</td><td colspan="3">내포장지 : 판매원, 제조원, 제품명, 보관방법, 식품첨가물, 용량, 유형, 주원료명, 특정 성분, 용기 재질, 반품 및 교환 장소, 가격, 고객상담실 전화번호, 환경계도문, 소비자피해보상규정, 분리배출표시, 바코드
외포장지 : 제품명, 수량, 가격, 기타 주의사항 등</td></tr>
<tr><td>11. 제품의 용도</td><td colspan="3">일반 건강인, 어린이, 환자, 노약자, 허약자 등의 기호식품(간식용)</td></tr>
<tr><td>12. 섭취방법</td><td colspan="3">제품 그대로 섭취</td></tr>
<tr><td>13. 유통기한</td><td colspan="3">00년 00월 까지(또는 제조일로부터 년(월)까지)</td></tr>
<tr><td>14. 기타 사항</td><td colspan="3">이미 냉동된 바 있으니 해동 후 재냉동시키지 마시길 바랍니다.</td></tr>
</table>

그림 10-6 **제품설명서 예**

출처 : 식품의약품안전처, 알기 쉬운 HACCP 관리

류관리업무 책임자, 식품위생 관련 품질관리 업무 책임자 및 종사자 보건관리 책임자 등으로 구성한다. 또한 모니터링 당당자는 해당 공정의 현장종사자로 하여금 관리하도록 하여야 한다. 이들은 관련 규정에 준하여 해썹 교육을 받고 일정 수준의 전문성을 갖추어야 한다.

해썹 plan을 개발하는 팀원은 작업공정에서 사용되는 시설·설비 및 기술, 실제 작업 상황, 위생, 품질 보증 그리고 작업공정에 대해 상세한 지식이 있어야 한다. 따라서 팀원들은 식품위생학, 식품미생물학, 공중보건학, 식품공학 분야의 기술 및 지식을 갖고 있는 것이 좋다.

해썹팀의 조직 및 인력 현황, 해썹 팀원의 책임과 권한, 교대 근무 시 팀원, 팀별 구체적인 인수·인계 방법 등이 문서화되어야 한다.

(2) 제품설명서 작성

두 번째 준비단계는 제품설명서를 작성하는 것이다. 제품설명서를 작성하기 전에 HACCP을 적용할 식품을 선정해야 한다. 제품설명서에는 제품명, 제품 유형 및 성상, 품목제조보고 연월일, 작성자 및 작성 연월일, 성분(또는 식자재) 배합비율 및 제조(또는 조리)방법, 제조(포장)단위, 완제품의 규격, 보관·유통(또는 배식)상의 주의사항, 제품 용도 및 유통(또는 배식)기간, 포장 방법 및 재질, 표시사항, 기타 필요한 사항이 포함되어야 한다.

제품설명서 작성 시 제품명은 식품 제조·가공 업체의 경우 해당 관청에 보고한 해당 품목의 '품목 제조(변경)보고서'에 명시된 제품명과 일치하여야 한다. 제품 유형은 '식품공전'의 분류체계에 따른 식품의 유형을, 성상은 해당 식품의 기본특성(예: 액상, 고상 등)뿐만 아니라 전체적인 특성(예: 가열 후 섭취식품, 비가열 섭취식품, 냉장식품, 냉동식품, 살균제품, 멸균제품 등)을 기재한다. 성분(또는 식자재) 배합비율은 식품 제조·가공 업체의 경우 해당 식품의 '품목 제조(변경)보고서'에 기재된 원료인 식품 및 식품첨가물의 명칭과 각각의 함량을 기재한다. 대상 식품이 많은 업체의 경우 원료 목록표를 작성하면 원료에 대한 위해요소를 총괄적으로 분석하는 데 도움이 된다.

(3) 제품 용도 확인

세 번째 준비단계는 해당 식품의 의도된 사용방법 및 대상 소비자를 파악하는 것이다. 그대로 섭취할 것인가, 가열조리 후 섭취할 것인가, 조리·가공 방법은 무엇인가, 다른 식품의 원료로 사용되는가 등 예측 가능한 사용방법과 범위, 그리고 제품에 포함될 잠재적 위험물질에 민감한 대상 소비자(예: 어린이, 노인, 면역 관련 환자 등)를 파악하는 것이다. 이런 자료는 위해평가와 위해요소의 한계기준 결정에 중요한 자료가 된다.

(4) 공정흐름도(제조공정도 등) 작성

네 번째 준비단계로 HACCP팀은 업체에서 직접 관리하는 원료의 입고에서부터 완제품의 출하까지 모든 공정단계를 파악하여 공정흐름도flow diagram를 작성하고 공정별 주요 가공조건의 개요를 기재한다. 이때 구체적인 제조공정별 가공방법에 대하여는 일목요연하게 표로 정리하는 것이 바람직하다. 또한 작업 특성별 구획, 기계·기구 등의 배치, 제품의 흐름과정, 작업자 이동경로, 세척·소독조 위치, 출입문 및 창문, 공조시설 계통도, 용수 및 배수처리 계통도 등을 표시한 작업장 평면도plant schematic를 작성한다. 이러한 공정흐름도와 평면도는 원료의 입고에서부터 완제품의 출하에 이르는 해당식품의 공급에 필요한 모든 공정별로 위해요소의 교차오염 또는 2차오염, 증식 등의 가능성을 파악하는 데 도움을 준다.

(5) 공정흐름도 현장 확인

다섯 번째 준비단계는 작성된 공정흐름도 및 평면도가 현장과 일치하는지를 검증하는 것이다. 공정흐름도 및 평면도가 실제 작업공정과 동일한지 여부를 확인하기 위하여 HACCP팀은 작업 현장에서 공정별 각 단계를 직접 확인하면서 검증하여야 한다. 공정흐름도와 평면도의 작성 목적은 각 공정 및 작업장 내에서 위해요소가 발생할 수 있는 모든 조건 및 지점을 찾아내기 위한 것이므로 정확성을 유지하는 것이 매우 중요하다. 따라서 현장 검증결

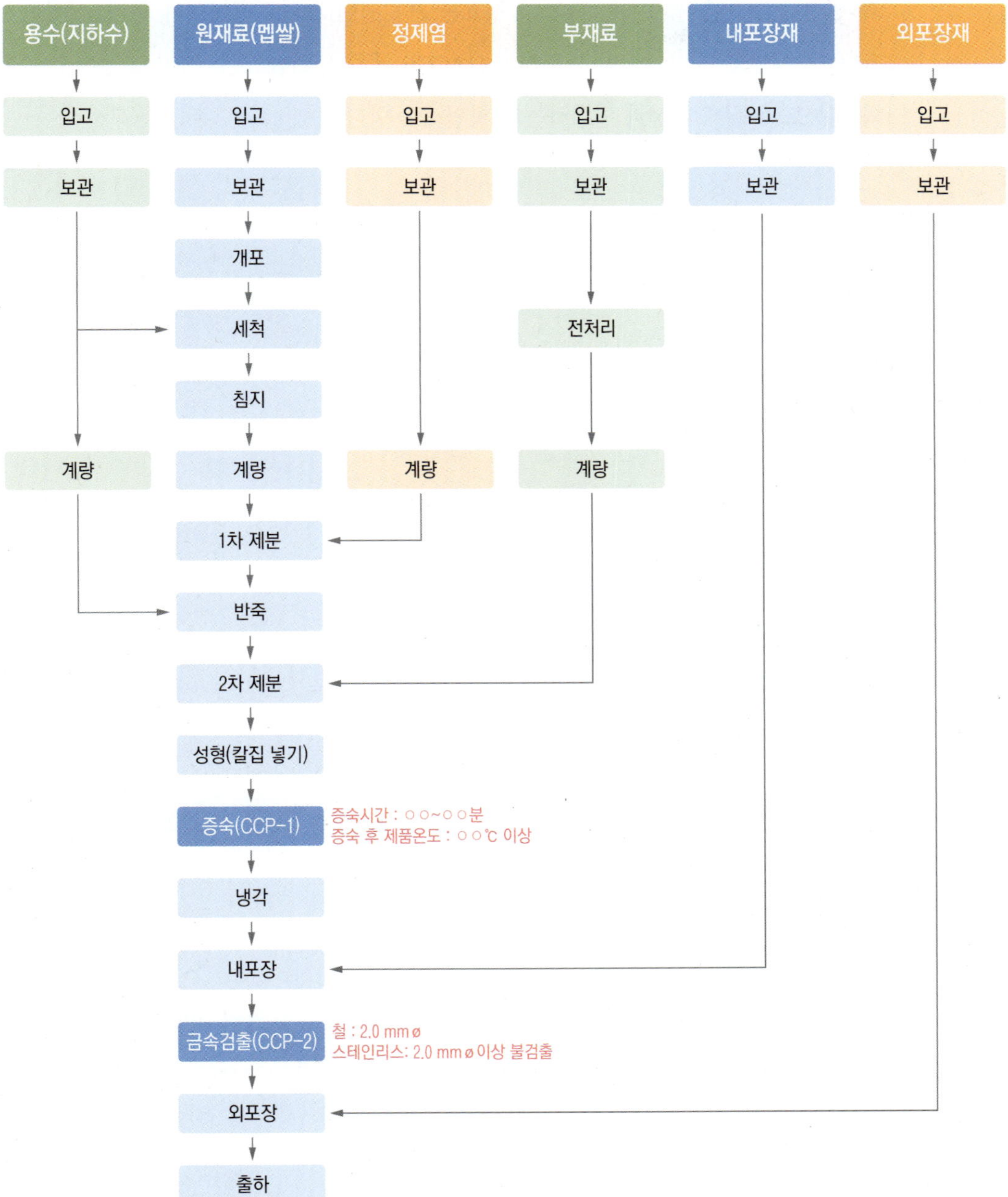

그림 10-7 제조공정도 예시

출처 : 식품의약품안전처, 알기 쉬운 HACCP 관리

과 변경이 필요한 경우에는 해당 공정흐름도나 평면도를 수정하여야 한다. 정확한 공정흐름도 및 평면도가 완성되면 본격적인 HACCP 계획을 개발할 수 있고 작성된 각종 평면도와 계통도가 실제 현장과 일치하는지 확인해야 한다.

표 10-5 공정별 가공방법 예시

일련번호	공정단계	공정 설명	주요 설비	관리방법
1	입고	원·부재료 • 입고 시 차량의 온도 및 청결상태 확인 • 관능검사 • 원산지증명확인서를 수령하여 확인	저울, 온도계	육안검사, 중량, 온도 측정, 원산지증명확인서
		포장재 • 시험성적서 • 관능검사 • 유통기한 확인		육안검사, 시험성적서
2	보관	원·부재료 • 냉장 0~10℃ 보관 • 파레트 위에 선입선출/품목별 구분 적재 • 적재 시 벽과 10cm 정도 이격관리		온도관리, 적재 상태, 선입선출관리, 이격관리
		포장재 • 실온 보관 • 선입선출/품목별 구분 보관 • 적재 시 벽과 10 cm 정도 이격관리		보관 상태, 선입선출관리, 이격관리
3	외포장 제거	오염원인 박스 등의 외포장재 제거	가위, 칼, 이물통	육안검사
4	비가식 부위 제거	비가식 부위 제거	가위, 이물통	육안검사
5	선별	사용기준에 맞게 선별 이물질, 비가식 부위 선별	선별대, 이물통	육안검사
6	세척	세척기준에 맞게 원·부재료 세척	세척대, 바구니, 시계	세척시간 : 00초~00초 사이 세척방법 : 좌로 0회, 우로 0회, 아래로 0회 가수량 : 00L/분 세척수 교체주기 : 1회/0시간

일련번호	공정단계	공정 설명	주요 설비	관리방법
7	절단 및 분쇄	세척된 원·부재료를 절단 또는 분쇄	절단기	기기오염 육안검사
8	계량	배합비에 맞게 계량작업대에서 계량	저울	
9	내포장	사양에 맞게 포장	내포장재, 저울, 진공포장기	실링 상태
10	금속 검출	포장한 제품을 금속검출기에 통과시킴 합격한 제품에 한해 보관실로 이동	금속검출기 테스트피스	금속검출기 작동상태, 테스트피스 검출 여부 Fe : 1.0mmφ STS : 1.5mmφ
11	보관	0~10℃ 냉장고에 보관	파레트	보관고 위생 상태, 보관고 온도, 보관고 이격관리, 선입선출
12	출고	배송코스별로 비식품과 구분하여 적재한 후 냉장차량에 출고	냉장차량 파레트	출고상태

출처 : 식품의약품안전처, 알기 쉬운 HACCP 관리

2) HACCP plan의 7원칙

(1) 위해요소 분석(원칙 1)

HACCP 관리계획의 개발을 위한 첫 번째 원칙은 위해요소 분석을 수행하는 것이다. 위해요소hazard 분석은 HACCP팀이 수행하며, 이는 제품설명서에서 파악된 원·부재료별로, 그리고 공정흐름도에서 파악된 공정/단계별로 구분하여 실시한다. 이 과정을 통해 원·부재료별 또는 공정/단계별로 발생 가능한 모든 위해요소를 파악하여 목록을 작성하고, 각 위해요소의 유입경로와 이들을 제어할 수 있는 수단(예방수단)을 파악하여 기술하며, 이러한 유입경로와 제어수단을 고려하여 위해요소의 발생 가능성과 발생 시 그 결과의 심각성을 감안하여 위해risk를 평가한다.

■ **위해요소 분석 절차**

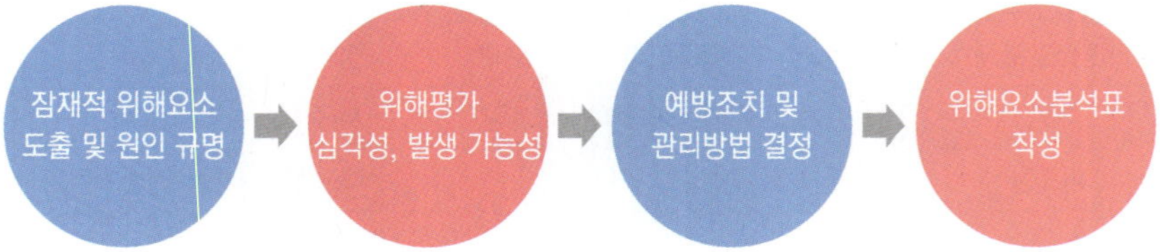

위해요소 분석을 위한 첫 번째 단계는 원료별·공정별로 생물학적·화학적·물리적 위해요소와 발생 원인을 모두 파악하여 목록화하는 것이다.

위해요소 분석을 수행하기 위한 두 번째 단계는 파악된 잠재적 위해요소에 대한 위해를 평가하는 것이다. 파악된 잠재적 위해요소에 대한 위해 평가는 위해 평가기준을 이용하여 수행할 수 있다.

위해요소 분석을 수행하기 위한 마지막 단계는 파악된 잠재적 위해요소의 발생원인과 각 위해요소를 안전한 수준으로 예방하거나 완전히 제거, 또는 허용 가능한 수준까지 감소시킬 수 있는 예방조치방법이 있는지를 확인하여 기재하는 것이다. 이러한 예방조치방법에는 한 가지 이상의 방법이 필요할 수 있으며, 어떤 한 가지 예방조치방법으로 여러 가지 위해요소가 통제될 수도 있다. 예방조치방법은 현재 작업장에서 시행되고 있는 것만을 기재한다.

■ **위해요소 분석표**

일련번호	원부자재명/공정명	구분	위해요소		위험도평가			예방조치 및 관리방법
			명칭	발생원인	심각성	발생 가능성	종합평가	
1		B						
		C						
		P						

• B(Biological hazards, 생물학적 위해요소) : 원부자재, 공정에 내재하면서 인체의 건강을 해할 우려가 있는 *Listeria monocytogenes*, 장출혈성대장균, 대장균, 곰팡이, 기생충, 바이

러스 등 생물학적 원인물질

- C(Chemical hazards, 화학적 위해요소) : 제품에 내재하면서 인체의 건강을 해할 우려가 있는 중금속, 농약, 항생물질, 항균물질, 사용 기준초과 또는 사용 금지된 식품첨가물 등 화학적 원인물질
- P(Physical hazards, 물리적 위해요소) : 원료와 제품에 내재하면서 인체의 건강을 해할 우려가 있는 인자 중에서 돌조각, 유리조각, 쇳조각, 플라스틱조각, 머리카락 등 물리적 원인물질

CODEX

높음 : 사망을 포함하여 건강에 중대한 영향을 미침	
B	*Clostridium botulinum* toxin, *Salmonealla*(typhi), *Shigella dysenteriae*, *Vibrio cholerae*, *Vibrio vulnificus*, hepatitis A, E virus, *Listeria monocytogenes*(일부), *Escherichia coli* O157: H7
C	화학오염물질, 식품첨가물, 중금속 등에 의한 직접적인 오염
P	금속, 유리조각 등 소비자에게 직접적인 해 또는 상처를 입힐 수 있는 물질
보통 : 잠재적으로 넓은 전염성이 있는 것으로 입원	
B	장내병원성 *Escherichia coli*, *Shamonella* spp., *Shigella* spp., *Vibrio parahaemolyticus*, *Listeria monocytogenes*, Rotavirus virus, Norwalk virus
C	타르색소, 잔류농약, 잔류용제(톨루엔, 프탈레이트 등), 잔류훈증 약제 등
P	돌, 나무조각, 플라스틱 등 경질이물
낮음 : 제한적인 전염성이 있는 것으로 개인에 제한된 질병	
B	*Bacillus cereus*, *Clostridium perfrigenes*, *Campylobacter jejuni*, *Yersinia enterocolitica*, *Staphylococcus aures* toxin
C	Somnolence, transitory allergies 등의 증상을 수반하는 화학오염 물질 등
P	머리카락, 비닐 등 연질이물

■ **위해요소 평가(심각성)**

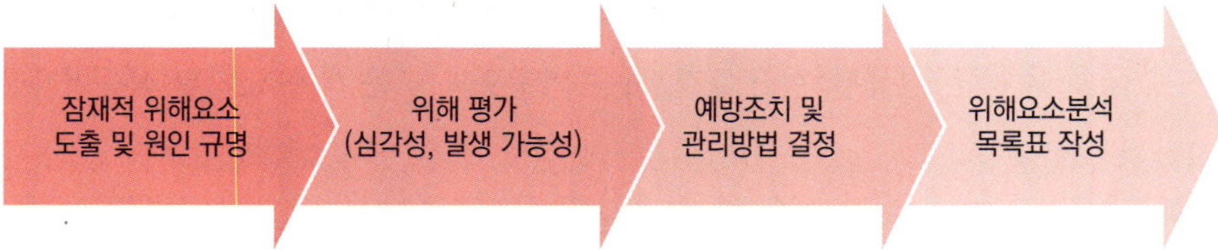

- 도출된 위해요소가 영향을 주는 최종 대상은 소비자이다.
- 같은 위해요소이면 공정이 다르더라도 심각성 평가는 동일하다.
  - 소비자의 위치에서는 같은 위해요소임
  - 상대적 평가가 아닌 절대적 기준에 의한 평가
- 생물학적, 화학적, 물리적 위해요소를 독립적으로 평가한다.

표 10-6 원·부재료 위해요소 도출 및 발생원인 예시

원·부재료명	구분	위해요소 (생물학적 : B, 화학적 : C, 물리적 : P)	발생 원인
쇠고기	B	대장균군 황색포도상구균 살모넬라 바실러스 세레우스 리스테리아 장출혈성대장균 진균	• 원료 자체 및 사육과정 관리 부족으로 오염 • 협력업체(생산자) 관리 부족으로 교차오염 • 원료 운반과정에서 부주의로 교차오염
	C	잔류항생물질 잔류농약	• 협력업체(생산자)의 교육/관리 부족으로 오염
	P	나사, 못, 칼날 돌, 모래, 플라스틱 머리카락, 비닐, 지푸라기	• 협력업체(생산자)의 관리 부족으로 혼입

(계속)

원·부재료명	구분	위해요소 (생물학적 : B, 화학적 : C, 물리적 : P)	발생 원인
고추	B	대장균군 황색포도상구균 살모넬라 바실러스 세레우스 리스테리아 장출혈성대장균 클로스트리디움 퍼프린젠스 진균	• 원료 자체 및 재배과정 관리 부족으로 오염 • 협력업체(생산자) 관리 부족으로 교차오염
	C	잔류농약 납, 카드뮴	• 오염된 토양에서 원료 재배 • 농약 사용기준으로 미준수한 원료 재배 • 협력업체(생산자)의 교육/관리 부족으로 오염
	P	나사, 못, 칼날 돌, 모래, 플라스틱 머리카락, 비닐, 지푸라기	• 협력업체(생산자)의 관리 부족으로 혼입
조기	B	대장균군 황색포도상구균 살모넬라 바실러스 세레우스 리스테리아 장염비브리오균 진균	• 원료 자체 및 재배과정 관리 부족으로 오염 • 협력업체(생산자) 관리 부족으로 교차오염
	C	납, 카드뮴, 수은	• 오염된 해역으로부터 원료 오염 • 협력업체(생산자)의 교육/관리 부족으로 오염
	P	나사, 못, 칼날 돌, 모래, 플라스틱 머리카락, 비닐, 지푸라기	• 협력업체(생산자)의 교육/관리 부족으로 혼입
전분	B	대장균군 황색포도상구균 살모넬라 바실러스 세레우스 리스테리아 장출혈성대장균 클로스트리디움 퍼프린젠스 진균	• 협력업체 제조/가공기준 미준수로 오염 • 협력업체 작업자/제조설비/작업장/운반차량/제조도구 등에 대한 세척·소독관리 부족으로 오염 • 협력업체 원료관리 부족으로 오염

(계속)

원·부재료명	구분	위해요소 (생물학적 : B, 화학적 : C, 물리적 : P)	발생 원인
전분	C	잔류농약 납, 카드뮴	• 협력업체 원료관리 부족으로 잔류, 오염
	P	나사, 못, 칼날 돌, 모래, 플라스틱 머리카락, 비닐, 지푸라기	• 협력업체 제조설비/작업자 등에 대한 이물관리 부족으로 오염

출처 : 식품의약품안전처, 알기 쉬운 HACCP 관리

표 10-7 공정/단계 위해요소 도출 및 발생원인 예시

제조공정	구분	위해요소 (생물학적 : B, 물리적 : P)	발생 원인(유래)
세척	B	대장균군 황색포도상구균 살모넬라 바실러스 세레우스 리스테리아 장출혈성대장균 장염비브리오균 진균	• 부적절한 세척실 온도관리에 의한 위해요소 증식 • 세척실 작업자/작업장/제조설비/기구용기/검사장비/운반도구/청소도구 등 세척소독 관리, 작업자 위생교육 부족으로 교차오염 • 부적절한 세척실 청정도 관리로 교차오염 • 세척조건(방법, 시간, 가수량 등) 미준수로 위해요소 잔존
	P	나사, 못, 칼날 돌, 모래, 플라스틱 머리카락, 비닐, 지푸라기	• 세척실 제조설비, 운반도구 등 관리 부족으로 교차오염 • 세척실 작업자/작업장/제조설비/기구용기/검사장비/운반도구/청소도구 등 세척소독 관리, 작업자 위생교육 부족으로 교차오염
소독	B	대장균군 황색포도상구균 살모넬라 바실러스 세레우스 리스테리아 장출혈성대장균 장염비브리오균 진균	• 부적절한 소독실 온도관리에 의한 위해요소 증식 • 소독실 작업자/작업장/제조설비/기구용기/검사장비/운반도구/청소도구 등 세척소독 관리, 작업자 위생교육 부족으로 교차오염 • 부적절한 소독실 청정도 관리로 교차오염 • 소독조건(농도, 시간, 헹굼 등) 미준수로 위해요소 잔존
	P	나사, 못, 칼날 돌, 모래, 플라스틱 머리카락, 비닐, 지푸라기	• 소독실 제조설비, 운반도구 등 관리 부족으로 교차오염 • 소독실 작업자/작업장/제조설비/기구용기/검사장비/운반도구/청소도구 등 세척소독 관리, 작업자 위생교육 부족으로 교차오염

(계속)

제조공정	구분	위해요소 (생물학적 : B, 물리적 : P)	발생 원인(유래)
가열	B	대장균군 황색포도상구균 살모넬라 바실러스 세레우스 리스테리아 장출혈성대장균 장염비브리오균 진균	• 부적절한 가열실 온도관리에 의한 위해요소 증식 • 가열실 작업자/작업장/제조설비/기구용기/검사장비/운반도구/청소도구 등 세척소독 관리, 작업자 위생교육 부족으로 교차오염 • 부적절한 가열실 청정도 관리로 교차오염 • 가열조건(온도, 시간, 품온 등) 미준수로 위해요소 잔존
	P	나사, 못, 칼날 돌, 모래, 플라스틱 머리카락, 비닐, 지푸라기	• 가열 제조설비, 운반도구 등 관리 부족으로 교차오염 • 가열실 작업자/작업장/제조설비/기구용기/검사장비/운반도구/청소도구 등 세척소독 관리, 작업자 위생교육 부족으로 교차오염

출처 : 식품의약품안전처, 알기 쉬운 HACCP 관리

(2) 중요관리점CCP 결정(원칙 2)

위해요소 분석이 끝나면 해당 제품의 원료나 공정에 존재하는 잠재적인 위해요소를 관리하기 위한 중요관리점을 결정해야 한다. 중요관리점이란 원칙 1에서 파악된 위해요소를 예방, 제거 또는 허용 가능한 수준까지 감소시킬 수 있는 최종 단계 또는 공정을 말한다. 식품의 제조·가공·조리 공정에서 중요관리점이 될 수 있는 사례는 다음과 같으며, 동일한 식품을 생산하는 경우에도 제조·설비 등 작업장 환경이 다를 경우에는 서로 상이할 수 있다.

① 미생물 성장을 최소화할 수 있는 냉각 공정

② 병원성 미생물을 사멸시키기 위하여 특정 시간 및 온도에서 가열 처리

③ pH 및 수분활성도의 조절 또는 배지 첨가 같은 제품 성분 배합

④ 캔의 충전 및 밀봉 같은 가공 처리

⑤ 금속검출기에 의한 금속이물 검출 공정 등

CCP를 결정하는 하나의 좋은 방법은 중요관리점 결정도를 이용하는 것으로 이 결정도는 원칙 1의 위해 평가결과 중요 위해(확인대상)로 선정된 위해요소에 대하여 적용한다.

① **중요관리점(CCP) 결정도**

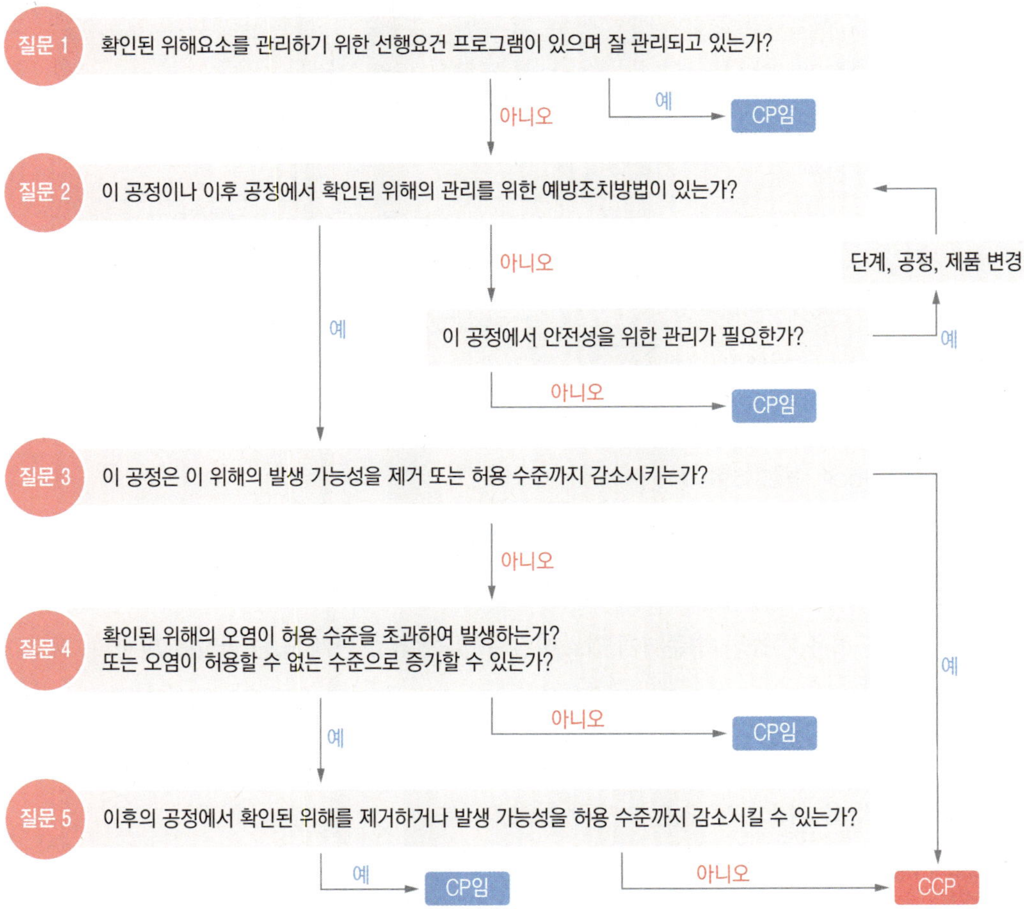

② 중요관리점(CCP) 결정표

공정단계	위해요소	질문1	질문2	질문2-1	질문3	질문4	질문5	중요관리점 결정
		예 → CP 아니오 → 질문2	예 → 질문3 아니오 → 질문2	예 → 질문2 아니오 → CP	예 → CCP 아니오 → 질문4	예 → 질문5 아니오 → CP	예 → CP 아니오 → CCP	

- CCP 결정표의 답변
  - CCP 결정도의 해석방법에 준하여 '예', '아니오'로 답
  - 부분적으로 답에 대한 내용이 필요한 경우 해당 내용 기입 : 문서명 또는 공정명
- CCP번호 부여방법
  - CCP No. : CCP-1BCP
  - CCP의 개수 : 여러 개의 위해요소가 나오더라도 같은 공정이면 같은 번호 부여
  - 위해요소의 종류 : 생물학적이면 B, 화학적이면 C, 물리적이면 P로 표시
    - ◎ 첫 번째 CCP이고 생물학적 위해요소만 있으면 CCP-1B
    - ◎ 두 번째 CCP이고 생물학적 및 물리적 위해요소가 있으면 CCP-2BP
- 실제 생산라인에서 원료, 공정별 위해요소에 대한 실제 공정평가 시험자료 등을 바탕으로 CCP 결정 필요

표 10-8 중요관리점(CCP) 결정표 예시

공정 단계	구분	위해요소	질문1	질문2	질문2-1	질문3	질문4	질문5	중요관리점 결정
			예 → CP 아니오 → 질문2	예 → 질문3 아니오 → 질문2	예 → 질문2 아니오 → CP	예 → CCP 아니오 → 질문4	예 → 질문5 아니오 → CP	예 → CP 아니오 → CCP	
입고	B	리스테리아 장출혈성대장균	No	Yes		No	Yes	Yes (세척, 가열, 소독공정)	CCP 아님
	P	나사, 못, 칼날	No	Yes		No	Yes	Yes (세척, 금속검출공정)	CCP 아님
		돌, 모래, 플라스틱	No	Yes		No	Yes	Yes (세척, 여과, X-ray 검출공정)	CCP 아님

(계속)

공정 단계	구분	위해요소	질문1	질문2	질문2-1	질문3	질문4	질문5	중요관리점 결정
			예 → CP 아니오 → 질문2	예 → 질문3 아니오 → 질문2	예 → 질문2 아니오 → CP	예 → CCP 아니오 → 질문4	예 → 질문5 아니오 → CP	예 → CP 아니오 → CCP	
보관	B	리스테리아 장출혈성대장균	No	Yes		No	Yes	Yes (세척, 가열, 소독공정)	CCP 아님
	P	나사, 못, 칼날	No	Yes		No	Yes	Yes (세척, 금속검출공정)	CCP 아님
		돌, 모래, 플라스틱	No	Yes		No	Yes	Yes (세척, 여과, X-ray 검출공정)	CCP 아님
전처리	B	리스테리아 장출혈성대장균	No	Yes		No	Yes	Yes (세척, 가열, 소독공정)	CCP 아님
	P	나사, 못, 칼날	No	Yes		No	Yes	Yes (세척, 금속검출공정)	CCP 아님
		돌, 모래, 플라스틱	No	Yes		No	Yes	Yes (세척, 여과, X-ray 검출공정)	CCP 아님
세척	B	리스테리아 장출혈성대장균	No	Yes		Yes	No		CCP-1B
	P	나사, 못, 칼날	No	Yes		No	Yes	Yes (금속검출공정)	CCP 아님
		돌, 모래, 플라스틱	No	Yes		Yes	No		CCP-1P
소독	B	리스테리아 장출혈성대장균	No	Yes		Yes	No		CCP-2B
소독	P	나사, 못, 칼날	No	Yes		No	Yes	Yes (금속검출공정)	CCP 아님
		돌, 모래, 플라스틱	No	Yes		No	Yes	Yes (금속검출공정)	CCP 아님
가열	B	리스테리아 장출혈성대장균	No	Yes		Yes	No		CCP-3B
	P	나사, 못, 칼날	No	Yes		No	Yes	Yes (금속검출공정)	CCP 아님
		돌, 모래, 플라스틱	No	Yes		No	Yes	Yes (세척, 여과, X-ray 검출공정)	CCP 아님

출처 : 식품의약품안전처, 알기 쉬운 HACCP 관리

(3) CCP 한계기준 설정(원칙 3)

세 번째 원칙은 HACCP팀이 각 CCP에서 취해져야 할 예방조치에 대한 한계기준을 설정하는 것이다. 한계기준은 CCP에서 관리되어야 할 생물학적, 화학적 또는 물리적 위해요소를 예방, 제거 또는 허용 가능한 안전한 수준까지 감소시킬 수 있는 최대치 또는 최소치를 말하며, 안전성을 보장할 수 있는 과학적 근거에 기초하여 설정되어야 한다. 한계기준은 현장에서 쉽게 확인 가능하도록 가능한 육안 관찰이나 간단한 측정으로 확인할 수 있는 수치 또는 특정 지표로 나타내어야 한다. 식품의 제조·가공·조리 공정에서 중요관리점이 될 수 있는 사례는 다음과 같으며, 동일한 식품을 생산하는 경우에도 제조·설비 등 작업장 환경이 다를 경우에는 서로 상이할 수 있다.

- 온도 및 시간
- 수분활성도 A_w 같은 제품 특성
- pH
- 관련서류 확인 등
- 습도(수분)
- 염소, 염분 농도 같은 화학적 특성
- 금속검출기 감도

한계기준을 결정할 때에는 법적 요구조건과 연구논문이나 식품 관련 전문서적, 전문가 조언, 생산 공정의 기본자료 등 여러 가지 조건을 고려해야 한다. 예를 들면, 제품 가열 시 중심부의 최저온도, 특정 온도까지 냉각시키는 데 소요되는 최소시간, 제품에서 발견될 수 있는 금속조각(이물질)의 크기 등이 한계기준으로 설정될 수 있으며, 이들 한계기준은 식품의 안전성을 보장할 수 있어야 한다. 한계기준은 초과되어서는 아니되는 양 또는 수준인 상한기준과 안전한 식품을 취급하는 데 필요한 최소량인 하한기준을 단독으로 설정할 수 있다.

예) • 상한기준의 예 : 금속 파편 크기를 1.0 mm 이하
  • 하한기준의 예 : 주정의 양을 일정량 이상으로 설정

한계기준 설정방법

한계기준은 다음 절차에 따라서 설정한다.

- 결정된 CCP별로 해당 식품의 안전성을 보증하기 위하여 어떤 법적 한계기준이 있는지를 확인한다(법적인 기준 및 규격 확인)
- 법적인 한계기준이 없을 경우, 업체에서 위해요소를 관리하기에 적합한 한계기준을 자체적으로 설정하며, 필요 시 외부전문가의 조언을 구한다.
- 설정한 한계기준에 관한 과학적 문헌 등 근거자료를 유지 보관한다.

※ 한계기준 설정 근거자료

- CCP 공정의 가공조건(시간, 온도, 횟수, 자력, 크기 등의 조건)별 실제 생산라인에서 반제품, 완제품을 대상으로 하는 시험자료
- 설정된 한계기준을 뒷받침할 수 있는 과학적 근거(문헌, 논문 등) 자료 등

한계기준 설정 예

공정명	CCP	위해요소	위해요인	한계기준
가열	CCP-1B	리스테리아 모노사이토제니스, *E. Coli* O157:H7	가열온도 및 가열시간 미준수로 병원성 미생물 잔존	65℃ 이상, 1분 이상
세척	CCP-1B	리스테리아 모노사이토제니스, *E. Coli* O157:H7	세척방법 미준수로 병원성 미생물 잔존	6단 세척, 가수량 3배, 세척시간 5분 이상
소독 금속 검출	CCP-1B	리스테리아 모노사이토제니스, *E. Coli* O157:H7	소독농도 및 소독시간 미준수로 병원성 미생물 잔존	소독농도 50~100 ppm, 소독시간 1분~1분 30초
가열	CCP-4P	금속이물	금속검출기 감도 불량으로 이물 잔존	철 2 mm 이상 불검출, 쇳가루 불검출

(4) CCP 모니터링체계 확립(원칙 4)

네 번째 원칙은 중요관리점을 효율적으로 관리하기 위한 모니터링체계를 수립하는 것이다. 모니터링이란 중요관리점CCP에 해당되는 공정이 한계기준을 벗어나지 않고 안정적으로 운영되도록 관리하기 위하여 종업원 또는 기계적인 방법으로 수행하는 일련의 관찰 또는 측정 수단이다.

모니터링체계를 수립하여 시행하게 되면 첫째, 작업과정에서 발생되는 위해요소의 추적이 용이하며, 둘째, 작업공정 중 CCP에서 발생한 기준 이탈deviation 시점을 확인할 수 있으며, 셋째, 문서화된 기록을 제공하여 검증 및 식품사고 발생 시 증빙자료로 활용할 수 있다.

HACCP팀은 모니터링 활동을 수행함에 있어서 연속적인 모니터링을 실시해야 한다. 연속적인 모니터링이 불가능한 경우 비연속적인 모니터링의 절차와 주기(빈도수)는 CCP가 한계기준 범위 내에서 관리될 수 있도록 정확하게 설정되어야 한다. 모니터링 주기 설정 시 작업공정 관리에 대한 통계학적 지식이 적용되면 더욱 효과적인 결과를 얻을 수 있다.

모니터링 결과는 개선조치를 취할 수 있는 지식과 경험 그리고 권한을 가진 지정된 자에 의해서 평가되어야 한다. 한계기준를 이탈한 경우에는 신속하고 정확한 판단에 의하여 개선조치가 취해져야 하는데, 일반적으로 물리적·화학적 모니터링이 미생물학적 모니터링 방법보다 신속한 결과를 얻을 수 있으므로 우선적으로 적용된다.

CCP를 모니터링하는 종업원은 해당 CCP에서의 모니터링 항목과 모니터링 방법을 효과적으로 올바르게 수행할 수 있도록 기술적으로 충분히 교육·훈련되어 있어야 한다. 또한 모니터링 결과에 대한 기록은 예/아니오 또는 적합/부적합 등이 아닌 실제로 모니터링한 결과를 정확한 수치로 기록해야 한다.

표 10-9 모니터링 방법(예시)

공정명	CCP	한계기준	모니터링 방법			
			대상	방법	주기	담당자
가열	CCP-1B	65℃ 이상, 1분 이상	가열시간, 온도	1. 가열기의 정상 작동 유무를 확인한다. 2. 가열기에서 가열 온도와 시간을 모니터링 일지에 기록한다. 3. 모니터링 일지를 HACCP 팀장에게 승인받는다.	매 작업 시	공정담당
세척	CCP-2B	6단 세척, 가수량 3배, 세척시간 5분 이상	세척방법	1. 세척기의 정상 작동 유무를 확인한다. 2. 세척방법에 따라 세척시간, 횟수, 가수량을 모니터링 일지에 기록한다. 3. 모니터링 일지를 HACCP 팀장에게 승인받는다.	매 작업 시	공정담당

(계속)

공정명	CCP	한계기준	모니터링 방법			
			대상	방법	주기	담당자
소독	CCP-3B	소독농도 50~100 ppm, 소독시간 1분~1분 30초	소독농도, 시간	1. 소독기의 정상 작동 유무를 확인한다. 2. 소독농도, 시간을 모니터링 일지에 기록한다. 3. 모니터링 일지를 HACCP 팀장에게 승인받는다.	매 작업 시	공정담당
금속검출	CCP-4P	금속 2 mm 이상 불검출, 쇳가루 불검출	금속검출기 감도	1. 금속검출기의 정상 작동 유무를 확인한다. 2. 테스트 피스를 이용하여 금속검출기의 감도를 기기, 제품에 측정한 후 모니터링 일지에 기록한다. 3. 모니터링 일지를 HACCP 팀장에게 승인받는다.	매 작업 시	공정담당

출처 : 식품의약품안전처, 알기 쉬운 HACCP 관리

(5) 개선조치방법 수립(원칙 5)

HACCP 계획은 위해요소가 발생하기 이전에 문제점을 미리 파악하고 시정하는 예방체계이므로, 모니터링 결과 한계기준을 벗어날 경우 취해야 할 개선조치방법을 사전에 설정하여 신속한 대응조치가 이루어지도록 하여야 한다.

개선조치방법 설정 시 확인사항

1. 이탈된 제품을 관리하는 책임자는 누구이며, 기준 이탈시 모니터링 담당자는 누구에게 보고하여야 하는가?
2. 이탈의 원인이 무엇인지 어떻게 결정할 것인가?
3. 이탈의 원인이 확인되면 어떤 방법을 통하여 원래의 관리상태로 복원 시킬 것인가?
4. 한계기준이 이탈된 식품(반제품 또는 완제품)은 어떻게 조치할 것인가?
5. 한계기준 이탈시 조치해야 할 모든 작업에 대한 기록·유지 책임자는 누구인가?
6. 개선조치 계획에 책임 있는 사람이 없을 경우 누가 대신할 것인가?
7. 개선조치는 언제든지 실행가능한가?

일반적으로 취해야 할 개선 조치사항에는 공정상태의 원상복귀, 한계기준 이탈에 의해 영향을 받은 관련 식품에 대한 조치사항, 이탈에 대한 원인규명 및 재발방지 조치, HACCP 계획의 변경 등이 포함된다.

개선조치 확립 순서

1. CCP별로 가장 적합한 개선조치 절차를 파악한다.
2. CCP별로 위해요소의 심각성에 따라 차등화하여 개선조치방법을 결정한다.
3. 개선조치 결과의 기록서식을 결정한다.
4. 개선조치 담당자를 지정하고 교육·훈련시킨다.

개선조치가 완료되면 확인해야 할 기본적인 사항은 다음과 같다.

개선조치 완료 후 확인사항

1. 한계기준 이탈의 원인이 확인되고 제거되었는가?
2. 개선조치 후 CCP는 잘 관리되고 있는가?
3. 한계기준 이탈의 재발을 방지할 수 있는 조치가 마련되어 있는가?
4. 한계기준 이탈로 인해 오염되었거나 건강에 위해를 주는 식품이 유통되지 않도록 개선조치 절차를 시행하고 있는가?

표 10-10 개선조치방법 예시

공정명	CCP	개선조치방법
가열	CCP-1B	1. 가열 온도, 시간 이탈 시 • 공정 담당자는 즉시 작업을 중지한다. • 해당 제품은 즉시 재가열하고 CCP 모니터링 일지에 이탈사항과 개선조치사항을 기록하고 생산관리팀장, HACCP팀장에게 보고한다. • 해당 로트제품을 품질관리팀장에게 공정품 검사를 의뢰한다. 2. 기기 고장인 경우 • 공정 담당자는 즉시 작업을 중지한다. • 해당 제품은 즉시 재가열하고 CCP 모니터링 일지에 이탈사항과 개선조치사항을 기록하고 생산관리팀장, HACCP팀장에게 보고한다. • 해당 로트제품을 품질관리팀장에게 공정품 검사를 의뢰한다.

(계속)

<table>
<tr><th>공정명</th><th>CCP</th><th>개선조치방법</th></tr>
<tr><td rowspan="2">세척</td><td>CCP-2B</td><td>1. 세척횟수, 시간, 가수량 이탈 시
• 공정 담당자는 즉시 작업을 중지한다.
• 해당 제품은 즉시 재세척하고 CCP 모니터링 일지에 이탈사항과 개선조치사항을 기록하고 생산관리팀장, HACCP팀장에게 보고한다.
• 해당 로트제품을 품질관리팀장에게 공정품 검사를 의뢰한다.</td></tr>
<tr><td>CCP-2B</td><td>2. 기기 고장인 경우
• 공정 담당자는 즉시 작업을 중지하고 공정품을 보류한 뒤, CCP 모니터링 일지에 이탈사항을 기록하고 공무팀에 수리를 의뢰한다.
• 수리 완료 후 공정품은 재가열한다.
• CCP 모니터링 일지에 개선조치사항을 기록하고 생산관리팀장, HACCP팀장에게 보고한다.
• 해당 로트제품을 품질관리팀장에게 공정품 검사를 의뢰한다.</td></tr>
<tr><td>소독</td><td>CCP-3B</td><td>1. 소독농도, 시간 이탈 시
• 공정 담당자는 즉시 작업을 중지한다.
• 소독농도를 보정하고 해당 제품은 재소독하고 CCP 모니터링 일지에 이탈사항과 개선조치사항을 기록하고 생산관리팀장, HACCP팀장에게 보고한다.
• 해당 로트제품을 품질관리팀장에게 공정품 검사를 의뢰한다.
2. 기기 고장인 경우
• 공정 담당자는 즉시 작업을 중지하고 공정품을 보류한 뒤, CCP 모니터링 일지에 이탈사항을 기록하고 공무팀에 수리를 의뢰한다.
• 수리 완료 후 공정품은 재가열한다.
• CCP 모니터링 일지에 개선조치사항을 기록하고 생산관리팀장, HACCP팀장에게 보고한다.
• 해당 로트제품을 품질관리팀장에게 공정품 검사를 의뢰한다.</td></tr>
<tr><td>금속검출</td><td>CCP-4P</td><td>1. 제품에 혼입될 경우
• 공정 담당자는 즉시 작업을 중지한다.
• 해당 제품을 재통과하여 확인하고 혼입이 확인될 경우, CCP 모니터링 일지에 이탈사항과 개선조치사항을 기록하고 생산관리팀장, HACCP팀장에게 보고한다.
• 해당 로트제품을 품질관리팀장에게 공정품 검사를 의뢰한다.
2. 기기 고장인 경우
• 공정 담당자는 즉시 작업을 중지하고 공정품을 보류한 뒤, CCP 모니터링 일지에 이탈사항을 기록하고 공무팀에 수리를 의뢰한다.
• 수리 완료 후, CCP 모니터링 일지에 개선조치사항을 기록하고 생산관리팀장, HACCP팀장에게 보고한다.
• 해당 로트제품은 재통과시킨다.
3. 감도 저하 시
• 공정 담당자는 즉시 작업을 중지하고 공정품을 보류한 뒤, CCP 모니터링 일지에 이탈사항을 기록하고 기기 감도를 측정하여야 한다.
• 감도 확인 후, CCP 모니터링 일지에 개선조치사항을 기록하고 생산관리팀장, HACCP팀장에게 보고한다.
• 해당 로트제품을 품질관리팀장에게 공정품 검사를 의뢰한다.</td></tr>
</table>

출처 : 식품의약품안전처, 알기 쉬운 HACCP 관리

(6) 검증절차 및 방법 수립(원칙 6)

여섯 번째 원칙은 HACCP 시스템이 적절하게 운영되고 있는지를 확인하기 위한 검증절차를 설정하는 것이다.

HACCP팀은 HACCP 시스템이 설정한 안전성 목표를 달성하는데 효과적인지, HACCP 관리계획에 따라 제대로 실행되는지, HACCP 관리계획의 변경 필요성이 있는지를 확인하기 위한 검증절차를 설정하여야 한다.

HACCP팀은 이러한 검증활동을 HACCP 계획을 수립하여 최초로 현장에 적용할 때, 해당 식품과 관련된 새로운 정보가 발생되거나 원료·제조 공정 등의 변동에 의해 HACCP 계획이 변경될 때 실시하여야 한다. 또한, 이 경우 외에도 전반적인 재평가를 위한 검증을 연 1회 이상 실시하여야 한다. 검증내용은 크게 HACCP 계획에 대한 유효성 평가Validation와 HACCP 계획의 실행성 검증 두 가지로 나뉜다.

HACCP 계획의 유효성 평가라 함은 HACCP 계획이 올바르게 수립되어 있는지 확인하는 것으로 발생 가능한 모든 위해요소를 확인·분석하고 있는지, CCP가 적절하게 설정되었는지, 한계기준이 안전성을 확보하는 데 충분한지, 모니터링 방법이 올바르게 설정되어 있는지 등을 과학적·기술적 자료의 수집과 평가를 통해 확인하는 검증의 한 요소이다.

HACCP 계획의 실행성 검증은 HACCP 계획이 설계된 대로 이행되고 있는지를 확인하는 것으로 작업자가 정해진 주기로 모니터링을 올바르게 수행하고 있는지, 기준 이탈 시 개선조치를 적절하게 하고 있는지, 검사·모니터링 장비를 정해진 주기에 따라 검·교정하고 있는지 등을 확인하는 것이다. 이러한 검증활동은 선행요건 프로그램의 검증활동과 병행 또는 분리하여 실시할 수 있다.

(7) 문서화 및 기록 유지 설정(원칙 7)

일곱 번째 원칙은 HACCP체계를 문서화하는 효율적인 기록 유지방법을 설정하는 것이다. 기록 유지는 HACCP 체계의 필수적인 요소이며, 기록 유지가 없는 HACCP 체계의 운영은 비효율적이며 운영 근거를 확보할 수 없기 때문에 HACCP 계획의 운영에 대한 기록의 개발 및 유지가 요구된다.

HACCP 체계에 대한 기록 유지방법은 이전에 유지 관리하고 있는 기록을 검토하는 것이다. 가장 좋은 기록 유지체계는 필요한 기록내용을 알기 쉽게 단순하게 통합한 것이다. 즉, 기록 유지방법을 개발할 때에는 최적의 기록담당자 및 검토자, 기록 시점 및 주기, 기록의 보관 기간 및 장소 등을 고려하여 가장 이해하기 쉬운 단순한 기록서식을 개발하여야 한다.

HACCP 체계의 운영과 관련된 기록목록의 예는 다음과 같다. 이 기록들은 제품을 유통시키기 전에 해당 작업장에서 HACCP 관리계획을 준수하였음을 보증하는 것이다.

① 원료

- 규격에 적합함을 증빙하는 원료 공급업체의 시험증명서
- 공급업체의 시험성적서를 검증한 업체의 지도·감독 기록
- 온도에 민감하거나 유통기한이 설정된 원료에 대한 보관온도 및 기간 기록

② 공정관리

- CCP와 관련된 모든 모니터링 기록
- 식품 취급과정이 적절하게 지속적으로 운영하는지를 검증한 기록

③ 완제품

- 식품의 안전한 생산을 보장할 수 있는 자료 및 기록
- 제품의 안전한 유통기한을 입증할 수 있는 자료 및 기록
- HACCP 계획의 적합성을 인정한 문서

④ 보관 및 유통

- 보관 및 유통 온도 기록
- 유통기간이 경과된 제품이 출고되지 않음을 보여주는 기록

⑤ 한계기준 일탈 및 개선조치

- CCP의 한계기준 이탈 시 취해진 공정이나 제품에 대한 모든 개선조치 기록

⑥ 검증

- HACCP 계획의 설정, 변경 및 재평가 기록

⑦ 종업원 교육

- 식품위생 및 HACCP 수행에 관한 교육훈련 기록

7원칙 12절차에 따라 HACCP 관리계획이 수립되면 해당 계획을 HACCP 계획 일람표 양식에 따라 일목요연하게 도표화하여 기록·관리한다. 이렇게 HACCP 관리계획이 작성되면 HACCP 팀원 및 현장 종업원들에 대한 교육을 통하여 해당 내용을 주지시킨 후 현장에 시범 적용토록 하여 실제 현장에 적용하였을 경우 효과가 있는지, 종사자들에 의해 실행함에 있어 문제점은 없는지 등을 확인하여야 한다. 이러한 과정을 '최초 검증'이라 하는데, HACCP 관리계획이 수립되면 반드시 이 과정을 거쳐야 한다. 최초 검증 결과 미흡사항 또는 문제점 등에 대하여는 반드시 해결책을 찾아 HACCP 관리계획에 반영·개선한 후 HACCP 시스템을 본격적으로 운영하여야 한다.

4. HACCP 도입 효과

소득 수준의 향상과 더불어 소비자의 안전한 식품에 대한 요구는 날로 높아지고 있고 식품 위해사고는 갈수록 광역화, 대형화되고 있다. 이러한 추세에서 식품의 안전성과 신뢰성

은 무엇보다 절실한 시대적 요구라 할 수 있다. 기존의 식품위생검사가 최종제품에 대한 안전성 검사에 초점을 맞추고 있어 문제 발생 이후 사후조치가 이루어졌다면, HACCP 시스템은 위생에 해로운 영향을 미칠 수 있는 위해요소를 분석하고, 중요관리점을 설정하여 과학적·체계적으로 중점 관리하는 사전예방적 선진 위해관리기법이다.

이러한 HACCP 시스템을 도입하면 업체는 위해가 발생할 수 있는 단계를 사전에 집중적으로 관리함으로써 위생관리체계의 효율성을 극대화시킬 수 있다. 소비자들은 HACCP 시

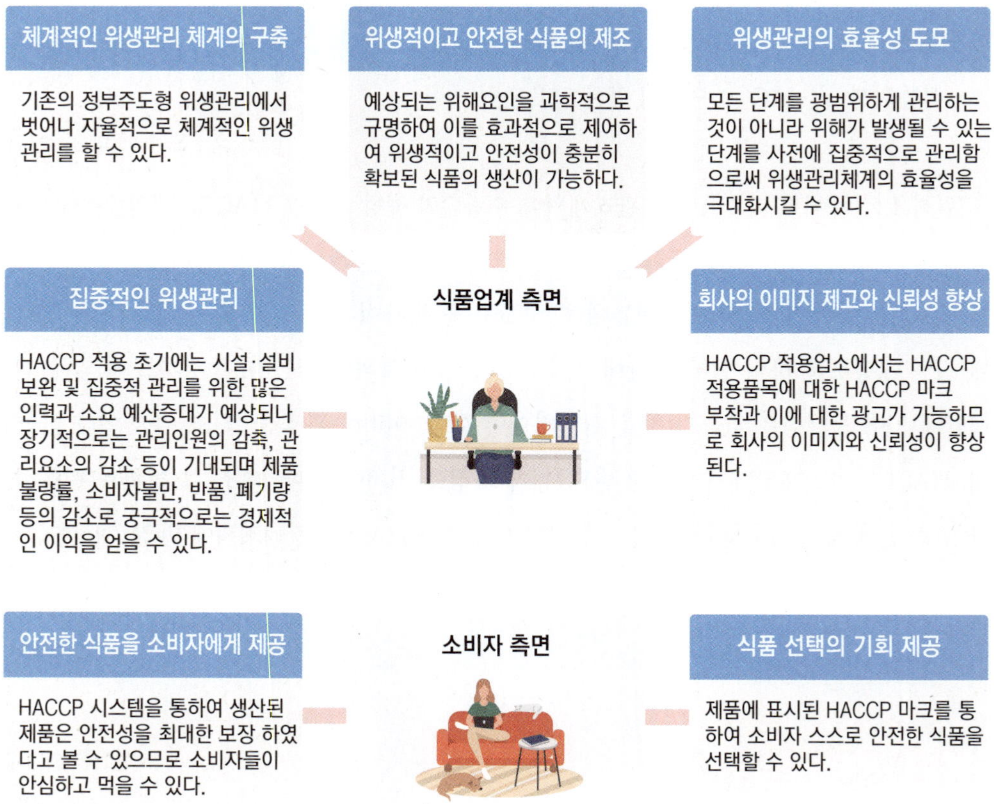

그림 10-8 HACCP 도입 효과

출처 : 한국식품안전관리인증원

스템을 통해 생산된 제품을 신뢰하여 안심하고 선택할 수 있다. 정부는 효율적인 식품 감시 활동이 가능하고 식품산업의 국제 경쟁력을 높일 수 있다.

5. 우리나라의 HACCP 인증 현황

한국식품안전관리인증원을 통해 HACCP 적용 준비업소 및 적용업소를 대상으로 맞춤형 기술 지원, HACCP 운영기술 지원, 교육·홍보 등 다양한 지원사업을 무상으로 수행한 결과, 식품산업 분야 HACCP 인증 업체수가 지속적으로 증가하여 2015년 3,734개소에서 2023년 10,700개소로 대폭 증가하였다.

표 10-11 인증업소 현황(2023년 11월 30일 기준)

구분	업체 수
식품제조가공업	10,425
집단급식소	12
집단급식소식품판매업	21
기타식품판매업	7
식품접객업	34
식품소분업	135
건강기능식품전문제조업	19
식품첨가물	27
즉석판매제조가공업	14
식품냉동냉장업	5
합계	10,700

표 10-12 연도별 인증 현황

연도	2013	2014	2015	2016	2017	2018	2019	2020	2021	2022	2023
누적 인증 수	2,408	3,029	3,734	4,358	5,031	5,762	6,566	7,685	9,251	10,356	10,700

표 10-13 지역별 현황(2023년도 11월 30일 기준)

구분	서울	부산	경기	대구	광주	인천	대전	울산	제주
인증 업소 수	376	535	3,130	256	149	492	133	68	223
구분	세종	강원	경남	경북	충남	충북	전남	전북	계
인증 업소 수	64	576	665	803	838	778	779	835	10,700

출처 : 한국식품안전관리인증원

CHAPTER 11

식품위생검사

1. 검체의 채취 및 취급 방법 / 2. 식품의 관능검사 / 3. 식품의 물리적 검사
4. 식품의 화학적 검사 / 6. 식품의 생물학적 검사 / 5 식품의 독성검사

식품위생이란 식품으로 인하여 생기는 위생상의 위해를 방지하고, 식품영양의 질적 향상을 도모하며, 식품에 관한 올바른 정보를 제공하여 국민보건의 증진에 이바지함을 목적으로 한다. 따라서 식품 및 음식물로 인한 위생상의 위해를 방지하기 위하여 식품, 첨가물, 식기, 용기 및 포장뿐만 아니라 가공 및 조리 종사자들을 포함한 모든 식품 관계자의 위생 등에 대하여 식품위생검사를 실시해야 한다.

식품위생검사는 표 11-1과 같이 검사방법에 따라 관능검사, 물리적·화학적·생물학적(미생물학적) 검사 및 독성검사로 나눌 수 있다.

① 관능검사 : 오감에 의하여 정상적인 식품과 그 외관, 색깔, 냄새, 맛, 경도, 이물질 부착 등의 상태 비교, 검사

② 물리학적 검사 : 온도, 비중, pH, 방사능 오염 등을 검사

③ 화학적 검사 : 수분, 총질소, 휘발성 염기질소, 아미노산성 질소, 조지방, 당류, 조섬유, 회분, 미량 성분 등의 식품 성분, 독성물질, 식품첨가물, 항생물질 등을 검사

④ 생물학적 검사 또는 미생물학적 검사 : 병원성 미생물, 일반 세균, 곰팡이, 효모 등의 미생물 수, 대장균, 장구균, 기생충 및 항생물질 등을 검사

⑤ 독성검사 : 동물실험을 통하여 급성 독성 및 만성 독성 시험

표 11-1 식품위생검사의 종류

구분	항목
관능검사	외관, 색채, 경도, 냄새, 맛, 이물질, 상태 등을 검사 등
물리적 검사	온도, 비중, 수소이온 농도(pH), 방사능 오염 등을 검사 등
화학적 검사	수분, 총질소, 휘발성 염기질소, 아미노태 질소, 조지방, 당류, 조섬유, 회분, 미량 함유 성분 분석, 독성물질(잔류농약, 유해금속), 항생물질 분석, 식품첨가물 분석 등
생물학적 검사	일반세균수, 곰팡이·효모수 분석, 대장균군·장구균 검사, 병원성 미생물 분석 및 기생충 검사 등
독성검사	급성·아급성·만성 독성 검사 및 발암·최기형성·병이원성 검사 등

출처 : 식품의약품분야 시험검사등에 관한 법률(약칭, 식품의약품검사법)

식품은 풍미를 증진시키거나 저장성을 높이는 등의 다양한 목적으로 첨가물을 넣어 가공하게 된다. 하지만 이러한 좋은 목적으로 넣은 첨가물이 인체에 유해할 가능성이 있으므로 국민의 건강을 위하여 국가와 기업체에서는 그 사용량을 제한하고 있으며, 이를 위해서 독성검사를 수행함으로 첨가물의 안전한 첨가량이 결정될 수 있다.

1. 검체의 채취 및 취급 방법(식품공전 참조)

1) 용어의 정의

① 검체 : 검사대상으로부터 채취된 시료를 말한다.

② 검사대상 : 같은 조건에서 생산·제조·가공된 기구 및 용기·포장으로 검체가 채취되는 하나의 대상을 말한다.

③ 대포장 검체 : 최종 소비자에게 그대로 유통 판매되는 형태가 아닌 대용량으로 포장된 검사대상을 말한다.

2) 검체 채취의 의의

식품위생감시원 또는 축산물위생감시원이 검사대상으로부터 일부의 검체를 채취하여 기준·규격 적합 여부, 오염물질 등에 대한 안전성 검사를 실시하여 그 검사결과에 따라 행정조치 등이 이루어지게 되기 때문에 검사대상 선정, 검체의 채취·취급·운반·시험검사 등은 효율성을 확보하면서 과학적인 방법으로 수행하여야 한다. 따라서 검체를 채취하여 시험·검사기관에 검사를 의뢰하는 것은 중요한 의의를 가지므로 식품위생감시원 또는 축산물위생감시원은 검체 채취 및 취급 방법 등에 대하여 충분한 지식을 가지고 그 직무를 수행하여야 한다.

3) 검체 채취의 일반원칙

검체의 채취에 있어서 가장 중요한 것은 검체가 검사 대상물을 대표하는 성상이 되어야 하며(대표성), 무균적으로 조작되어야 하는 것이다.

일반적으로 식별이 명확한 검체 대상물의 경우, 구성비 및 균질·불균질의 상태를 고려해야 한다. 균질한 시료의 경우에는 구성단위로 채취하며, 불균질한 경우에는 각 구성 단위에서 무작위로 채취해야 한다. 식별이 불명확한 검체 대상물에 있어서 균질한 경우에는 날짜·장소 등을 고려하여 채취하며, 불균질한 경우에는 육안검사 및 선별검사 등을 통하여 이상이 있거나 의심스러운 것을 검체로 채취한다. 용기나 포장에 들어있는 경우에는 1용기 또는 1포장을 최저단위로 하는 것이 원칙이며, 채취량은 고형물인 경우에는 200 g, 액체인 경우에는 200 mL 이상을 채취하는 것이 원칙이다.

검체는 2차 오염이 되지 않도록 무균적으로 채취되어야 하며, 사용되는 기구나 용기로부터 오염물질이 배출되지 않아야 한다. 채취한 검체는 오염, 변질, 세균의 변화를 억제할 수 있는 조건으로 취급해야 하며, 또한 수분 변화 등을 방지하기 위해서 검체를 밀폐용기에 넣고 가능한 온도 변화를 최소화하여야 하며, 빛 또는 온도 등에 의한 지방의 산화를 방지하기 위하여 빛이 차단된 밀폐용기에 넣고 용기 내 공기의 체적과 온도 변화를 가능한 최소화하여야 한다.

세균학적 검사의 경우 균의 변화를 최소화하기 위하여 5℃ 이하 저온으로 유지하여 운반하고 검체 채취 4시간 이내에 검사를 실시해야 한다. 채취된 검체는 검체의 명칭과 번호, 채취 및 반송일시, 채취장소 및 당시 환경, 검사 목적 및 항목, 채취 후 처리 상황, 운송방법 및 참고사항 등을 기재해야 한다.

'식품공전'의 검체 채취 일반원칙은 다음과 같다.

① 검체의 채취는 식품위생감시원 또는 축산물위생감시원이 수행하여야 한다.

② 검체는 검사목적, 검사항목 등을 참작하여 검사대상 전체를 대표할 수 있는 최소한도의 양을 수거하여야 한다.

③ 검체를 채취하는 때에는 검사대상으로부터 대표성을 가지도록 하여야 한다.

④ 검체를 채취할 때에는 재질별로 규격검사에 필요한 양만큼 채취한다.

⑤ 채취된 검체에 의해 검사대상이 손상되지 않도록 주의하여야 하고, 채취한 검체는 봉인하여야 하며 파손하지 않고는 봉인을 열 수 없도록 하여야 한다.

⑥ 기구 또는 용기·포장으로서 재질 및 바탕 색상이 같으나 단순히 용도·모양·크기 또는 제품명 등이 서로 다른 경우에는 그 중 대표성이 있는 것을 검체로 할 수 있다. 다만, 재질 및 바탕색이 같지 않은 세트의 경우에는 판매단위인 세트별로 검체를 채취할 수 있다.

4) 검체의 채취 및 취급 요령

검체 채취 시에는 검사 목적, 대상 기구 및 용기·포장의 종류와 물량 등 검체의 물리·화학적 상태를 고려하여야 한다.

(1) 검체의 채취요령

① 포장된 검체의 채취

① 상자 등에 넣어 유통되는 기구 및 용기·포장은 가능한 한 개봉하지 않고 그대로 채취한다.

② 대형 상자에 넣은 기구 및 용기·포장은 검사대상 전체를 대표할 수 있는 일부를 채취할 수 있다.

② 컨테이너 검체의 채취

① 여러 개의 컨테이너가 하나의 검사대상인 경우에는 검체 채취 및 취급 방법상 규정된 검체 채취 지점 수 등을 고려하여 개봉수를 가감하여 컨테이너를 개봉, 검체를 채취하여야 한다.

② 컨테이너에 실려 있는 상태에서 대표성 있는 검체를 수거할 수 없는 경우에는 해당 기

구 및 용기·포장을 검사 가능하도록 1/3 이상 꺼낸 후 검체를 채취할 수 있다.

(2) 검체 채취내역서의 기재

식품위생감시원 또는 축산물위생감시원은 검체 채취 시 해당 검체와 함께 검체 채취내역서를 첨부하여야 한다. 다만, 검체 채취내역서를 생략하여도 기준·규격 검사에 지장이 없다고 인정되는 때에는 그러하지 아니할 수 있다.

(3) 식별표의 부착

수입식품검사(유통수거 검사는 제외한다)의 경우 검체 채취 후 검체를 수거하였음을 나타내는 식별표를 해당 제품에 부착한다.

(4) 검체의 운반 요령

① 채취된 검체는 오염, 파손, 손상, 변형 등이 되지 않도록 주의하여 검사실로 운반하여야 한다.

② 검체가 장거리로 운송되거나 대중교통으로 운송되는 경우에는 손상되지 않도록 특히 주의하여 포장한다.

2. 식품의 관능검사

식품의 물리적·화학적 변화, 즉 식품의 맛, 냄새, 색, 씹힘성(물성) 등을 관능검사로 평가할 수 있다.

① 차이검사법 : 식품 간의 차이를 단순하게 평가하는 것으로 단순차이, 일이점비교법, 삼점비교법, 순위법, 평점법 등이 있다.

② 묘사분석법 : 식품 간의 차이를 적당한 어휘로 묘사하여 평가하는 것으로 텍스처프로

필분석, 향미프로필분석 등이 있다.

③ 소비자조사법 : 소비자의 기호나 선호도를 조사한다.

관능검사

식품공전 ▸ 제 8. 일반시험법 ▸ 1. 식품일반시험법 ▸ 1.1 성상(관능시험)

1.1 성상(관능시험)

가. 시험법 적용범위 : 성상을 검사하고자 하는 모든 식품에 적용한다.

나. 분석원리 : 성상시험은 식품의 특성을 시각, 후각, 미각, 촉각 및 청각으로 감지되는 반응을 측정하여 시험한다.

다. 시험조작 : 식품 고유의 색깔, 풍미, 조직감 및 외관을 다음의 성상 채점기준에 따라 채점한 결과가 평균 3점 이상이고 1점 항목이 없어야 한다.

항목	채점기준
색깔	1. 색깔이 양호한 것은 5점으로 한다. 2. 색깔이 대체로 양호한 것은 그 정도에 따라 4점 또는 3점으로 한다. 3. 색깔이 나쁜 것은 2점으로 한다. 4. 색깔이 현저히 나쁜 것은 1점으로 한다.
풍미	1. 풍미가 양호한 것은 5점으로 한다. 2. 풍미가 대체로 양호한 것은 그 정도에 따라 4점 또는 3점으로 한다. 3. 풍미가 나쁜 것은 2점으로 한다. 4. 풍미가 현저히 나쁘거나 이미·이취가 있는 것은 1점으로 한다.
조직감	1. 조직감이 양호한 것은 5점으로 한다. 2. 조직감이 대체로 양호한 것은 그 정도에 따라 4점 또는 3점으로 한다. 3. 조직감이 나쁜 것은 2점으로 한다. 4. 조직감이 현저히 나쁜 것은 1점으로 한다.
외관	1. 병충해를 입은 흔적 및 불가식부분 제거, 제품의 균질 및 성형상태와 포장상태 등 외형이 양호한 것은 5점으로 한다. 2. 제품의 제조·가공상태 및 외형이 비교적 양호한 것은 그 정도에 따라 4점 또는 3점으로 한다. 3. 제품의 제조·가공 상태 및 외형이 나쁜 것은 2점으로 한다. 4. 제품의 제조·가공 상태 및 외형이 현저히 나쁜 것은 1점으로 한다.

출처 : 식품공전

3. 식품의 물리적 검사

식품의 일반적인 물리적 검사로는 식품의 녹는점, 어는점, 비중, 점도, pH 등을 측정할 수 있다. 녹는점과 어는점의 측정에는 온도계를 사용해야 하며, 비중의 측정에는 비중계를 사용하거나 비중병을 사용한다. 점도는 모세관점도계, 회전점도계 등을 사용하여 측정하며, pH는 pH 미터나 pH 시험지를 이용하여 측정한다.

또한 검체 시료의 함량이 정확한지 확인하는 함량검사 등이 있으며, 함량검사의 경우에는 소포장 제품이 20개 이하이면 전체를, 20개 이상이면 20개를 무작위로 추출하여 측정한 후 평균값을 구한 후 개수를 곱해 총량으로 계산한다.

4. 식품의 화학적 검사(식품공전 참조)

식품의 일반성분검사란 식품 중에 일반적으로 함유되어 있는 성분에 대한 검사법으로 수분, 조단백, 조지방, 조섬유, 회분, 당질 등을 측정하는 것을 의미한다.

① 수분 : 건조감량법, 증류법 칼-피셔Karl-Fisher법 등

② 회분 : 회화법(550~600℃의 회화로에서 가열)

③ 조단백 : 킬달Kjeldahl법

④ 조지방 : 속슬렛Soxhlet법

화학성 식중독이 발생한 경우에는 검사를 계통적 시험법에 의해 검사하며 식품첨가물 표 11-2 및 잔류농약검사 표 11-3도 포함한다.

① 식품첨가물 시험법 : 용매추출법, 분광도법, 가스크로마토그래피, 박층크로마토그래피, 고분해능액체크로마토그래피법 등

② 잔류농약분석법 : 가스크로마토그래피법을 이용하여 유기염소계 살충제, 폴리클로로비페닐, 유기인계 살충제, 카바메이트계 살충제, 유기수은 화합물, 프탈산 에스터 등 잔류농약 및 공업약품의 검사를 수행해야 한다.

표 11-2 식품첨가물 검사

식품첨가물	검사방법
착색료	타르계열의 색소 등과 같은 합성색소 검사 종이크로마토그래피, 박층크로마토그래피, 흡광도법, 환원시험법 등
보존료	가스크로마토그래피, 박층크로마토그래피 등
산화방지제	화학적 합성 산화방지제 검사 비색법, 흡광도법, 가스크로마토그래피, 종이크로마토그래피 등
감미료	인공감미료 검사 용매추출법, 이온교환수지법 등
발색제	햄 등의 육류가동식품의 발색제 검사
표백제	비색법, 아연분말환원법, 요오드전분지법 등

출처 : 윤기선 외, 2018

곰팡이독소 등과 같은 미량 유해물질은 신속하게 검사해야 하며, 식품첨가물 검사법, 시안화합물 검사법, 메탄올 검사법, 포름알데하이드 검출법등을 통하여 유독성 물질의 검사를 수행할 수 있다.

표 11-3 기타 유해물질 검사

유해물질	검사법
메탄올	비색법, 가스크로마토그래피법 등
시안배당체	Pyrazorone 법, Phenylphyhalein 법, Pyridine-Pyrazorone 법 등
광물유	식용유지 중의 광물유, 어유 및 고도의 불포화지방산 검사 검화가, 요오드가 측정 등
방사능	α-선 측정, β-선 측정, γ-선 측정 등
항생물질	비색법, 형광법, 자외선흡수법 등

출처 : 윤기선 외, 2018

식품용 기구 및 용기, 포장은 식품 중의 산, 염류 등에 의해 유해 성분이 용출될 우려가 있어 위생상 문제가 되므로 식품 용기 및 포장의 검사를 수행해야 한다.

5. 식품의 생물학적 검사

식품의 생물학적 검사에는 일반 세균수 검사, 대장균 검사, 세균성 식중독균 검사 등이 있다.

① 일반 세균수 검사

일반 세균수 검사는 식품의 신선도 판정 또는 유통과정의 위생적인 취급 여부 등을 판정하기 위해 미생물 검사를 실시하는 것으로 총균수 검사와 생균수 검사 등이 있다.

총균수의 검사는 식품 중에 존재하는 균의 총수를 측정하는 것으로 균일한 시료의 일정량을 일정 면적 내에 골고루 펴서 그 단위용적당의 총균수를 산출하는 것으로 Breed법 및 혈구 계수기 등을 이용하는 직접경검법을 예로 들 수 있다.

Breed법은 주로 생우유의 총균수 측정하는 것으로 일정량의 시료를 1 cm^2의 크기로 구획된 브리드 슬라이드상의 일정 면적에 도말, 건조, 염색, 검경하여 염색된 세균의 수를 측정하는 것이며, 직접검경법은 혈구 계수기 등을 이용하여 효모의 세포수나 곰팡이의 포자수를 직접 계수하는 것이다.

생균수를 검사하는 방법으로는 표준 한천 배지에 발육하는 균의 총수를 계수하는 표준평판 계수법standard plate count이 있다.

② 대장균 검사

식품 위생 중에서 분변 오염의 지표로 대장균을 이용한다. 대장균은 그람 음성, 무포자 간균으로 젖당을 분해하여 가스를 생성하는 균이며, 대장균군coliform group은 그람 음성, 무포자의 간균으로서 젖당을 분해하여 가스를 생성하는 모든 호기성 또는 통성 혐기성의 세균군을 통칭한다. 대장균군은 분변 오염지표 세균으로 일반적으로 병원균과 공존하게 되므로 오염지표로서 검사가 쉬운 대장균군의 검사를 실시한다.

대장균의 검사는 정성시험 그림 11-1과 정량시험으로 나뉜다.

정성실험은 젖당 발효관 및 BGLB 발효관법으로 나뉘며, 젖당 발효관법은 추정시험·확정시험·완전시험으로 나뉜다.

젖당 발효관 시험의 추정시험은 젖당 발효관에 시료를 접종하고 35~37℃에서 24시간 배

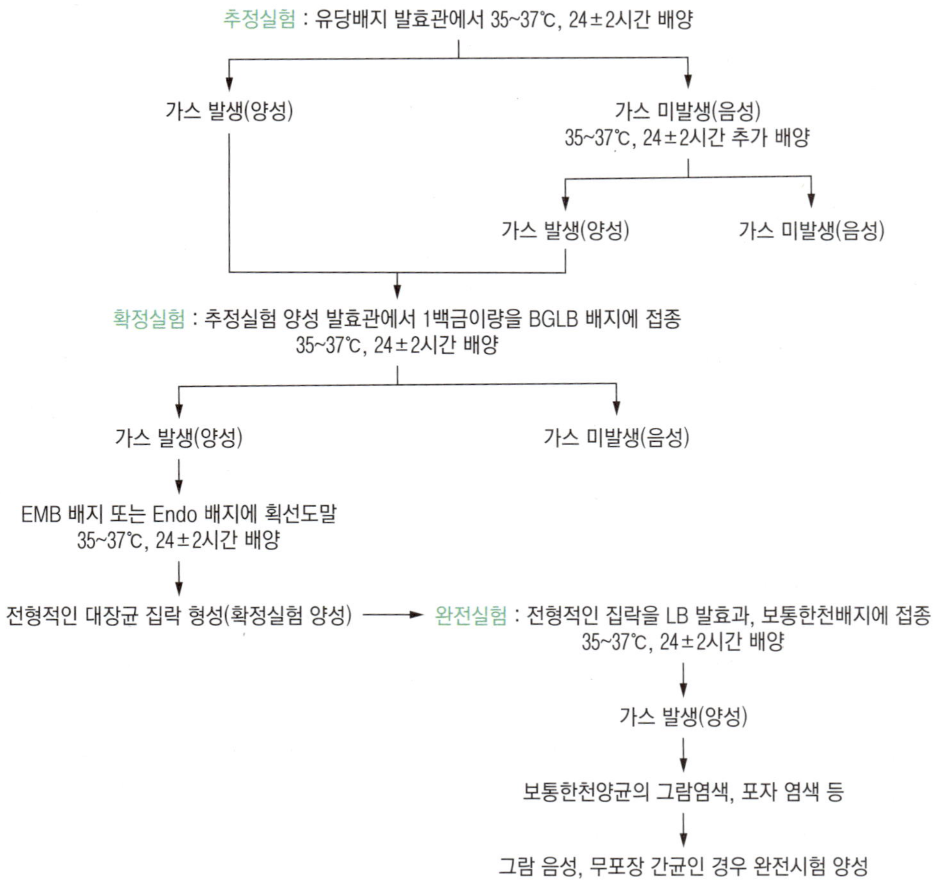

그림 11-1 유당배지를 이용한 대장균 정성실험

그림 11-2 EMB 배지를 이용한 대장균 판독

양하여 가스가 발생하면 양성으로 판단한다. 확정시험은 추정시험 양성의 젖당 발효관에서 배양액 1백금이를 BGLB 발효관에 접종하여 35~37℃에서 48±3시간 배양한 후 가스가 발생한 것을 다시 1백금이를 EMB 한천 배지 또는 Endo 한천 배지의 평판 위에 접종한 후 35~37℃, 24±2시간 배양하여 전형적인 대장균군의 집락이 발생하면 확정시험 양성으로 간주한다. 확정시험 양성 시 완전시험을 실시한다. 완전시험은 젖당 발효관 및 보통 한천 사면 배지에 접종하여 35~37℃, 48시간 배양하여 가스 생산 유무를 관찰하여 가스가 발생한 것은 그것과 대응하는 보통 한천 사면 배지의 균체에 대해서도 그람 염색, 포자 염색을 실시하여 가스생성이면서 그람 음성을 나타내는 무포자 간균을 확인한 후 생화학 시험을 실시하여 완전시험 양성으로 판단한다 그림 11-2.

대장균의 정량시험으로는 젖당 발효관법(MPN법; 최확수법)이 사용된다. 먼저 조제한 시료 10, 1, 0.1, 0.01 mL를 각각 3~5개의 젖당 발효관 시험관에 접종 후, 44.±1℃에서 24±2시간 배양한다. 시험용액 10 mL를 첨가할 경우 2배 농도의 배지 10 mL를 이용한다. 가스발생을 인정한 발효관을 대장균*E. coli* 양성이라고 판정하고 최확수표에 따라 검체 1 mL 또는 1 g 중의 대장균수를 산출한다 그림 11-3, 그림 11-4.

세균성 식중독균의 검사는 세균성 식중독균은 형태나 생화학적 성상 및 그들이 지니고

별표 1. 3단계희석 시험관 5개씩 시험하였을 때 양성에 대한 최확수(95%의 신뢰한계)

양성시험관수 0.1 0.01 0.001	MPN/ g(mL)	양성시험관수 0.1 0.01 0.001	MPN/ g(mL)	양성시험관수 0.1 0.01 0.001	MPN/ g(mL)	양성시험관수 0.1 0.01 0.001	MPN/ g(mL)	양성시험관수 0.1 0.01 0.001	MPN/ g(mL)	양성시험관수 0.1 0.01 0.001	MPN/ g(mL)
0 0 0	<1.8	1 0 0	2	2 0 0	4.5	3 0 0	7.8	4 0 0	13	5 0 0	23
0 0 1	1.8	1 0 1	4	2 0 1	6.8	3 0 1	11	4 0 1	17	5 0 1	31
0 0 2	3.6	1 0 2	6	2 0 2	9.1	3 0 2	13	4 0 2	21	5 0 2	43
0 0 3	5.4	1 0 3	8	2 0 3	12	3 0 3	16	4 0 3	25	5 0 3	58
0 0 4	7.2	1 0 4	10	2 0 4	14	3 0 4	20	4 0 4	30	5 0 4	76
0 0 5	9	1 0 5	12	2 0 5	16	3 0 5	23	4 0 5	36	5 0 5	95
0 1 0	1.8	1 1 0	4	2 1 0	6.8	3 1 0	11	4 1 0	17	5 1 0	33
0 1 1	3.6	1 1 1	6.1	2 1 1	9.2	3 1 1	14	4 1 1	21	5 1 1	46
0 1 2	5.5	1 1 2	8.1	2 1 2	12	3 1 2	17	4 1 2	26	5 1 2	63
0 1 3	7.3	1 1 3	10	2 1 3	14	3 1 3	20	4 1 3	31	5 1 3	84
0 1 4	9.1	1 1 4	12	2 1 4	17	3 1 4	23	4 1 4	36	5 1 4	110
0 1 5	11	1 1 5	14	2 1 5	19	3 1 5	27	4 1 5	42	5 1 5	130
0 2 0	3.7	1 2 0	6.1	2 2 0	9.3	3 2 0	14	4 2 0	22	5 2 0	49
0 2 1	5.5	1 2 1	8.2	2 2 1	12	3 2 1	17	4 2 1	26	5 2 1	70
0 2 2	7.4	1 2 2	10	2 2 2	14	3 2 2	20	4 2 2	32	5 2 2	94
0 2 3	9.2	1 2 3	12	2 2 3	17	3 2 3	24	4 2 3	38	5 2 3	120
0 2 4	11	1 2 4	15	2 2 4	19	3 2 4	27	4 2 4	44	5 2 4	150
0 2 5	13	1 2 5	17	2 2 5	22	3 2 5	31	4 2 5	50	5 2 5	180
0 3 0	5.6	1 3 0	8.3	2 3 0	12	3 3 0	17	4 3 0	27	5 3 0	79
0 3 1	7.4	1 3 1	10	2 3 1	14	3 3 1	21	4 3 1	33	5 3 1	110
0 3 2	9.3	1 3 2	13	2 3 2	17	3 3 2	24	4 3 2	39	5 3 2	140
0 3 3	11	1 3 3	15	2 3 3	20	3 3 3	28	4 3 3	45	5 3 3	180
0 3 4	13	1 3 4	17	2 3 4	22	3 3 4	31	4 3 4	52	5 3 4	210
0 3 5	15	1 3 5	19	2 3 5	25	3 3 5	35	4 3 5	59	5 3 5	250
0 4 0	7.5	1 4 0	11	2 4 0	15	3 4 0	21	4 4 0	34	5 4 0	130
0 4 1	9.4	1 4 1	13	2 4 1	17	3 4 1	24	4 4 1	40	5 4 1	170
0 4 2	11	1 4 2	15	2 4 2	20	3 4 2	28	4 4 2	47	5 4 2	220
0 4 3	13	1 4 3	17	2 4 3	23	3 4 3	32	4 4 3	54	5 4 3	280
0 4 4	15	1 4 4	19	2 4 4	25	3 4 4	36	4 4 4	62	5 4 4	350
0 4 5	17	1 4 5	22	2 4 5	28	3 4 5	40	4 4 5	69	5 4 5	430
0 5 0	9.5	1 5 0	13	2 5 0	17	3 5 0	25	4 5 0	41	5 5 0	240
0 5 1	11	1 5 1	15	2 5 1	20	3 5 1	29	4 5 1	48	5 5 1	350
0 5 2	13	1 5 2	17	2 5 2	23	3 5 2	32	4 5 2	56	5 5 2	540
0 5 3	15	1 5 3	19	2 5 3	26	3 5 3	37	4 5 3	64	5 5 3	920
0 5 4	17	1 5 4	22	2 5 4	29	3 5 4	41	4 5 4	72	5 5 4	1,600
0 5 5	19	1 5 5	24	2 5 5	32	3 5 5	45	4 5 5	81	5 5 5	>1,600

양성시험관수 10, 1, 0.1	MPN/ 100mL	양성시험관수 10, 1, 0.1	MPN/ 100mL	양성시험관수 10, 1, 0.1	MPN/ 100mL	양성시험관수 10, 1, 0.1	MPN/ 100mL	양성시험관수 10, 1, 0.1	MPN/ 100mL	양성시험관수 10, 1, 0.1	MPN/ 100mL
0 0 0	<1.8	1 0 0	2	2 0 0	4.5	3 0 0	7.8	4 0 0	13	5 0 0	23
0 0 1	1.8	1 0 1	4	2 0 1	6.8	3 0 1	11	4 0 1	17	5 0 1	31
0 0 2	3.6	1 0 2	6	2 0 2	9.1	3 0 2	13	4 0 2	21	5 0 2	43
0 0 3	5.4	1 0 3	8	2 0 3	12	3 0 3	16	4 0 3	25	5 0 3	58
0 0 4	7.2	1 0 4	10	2 0 4	14	3 0 4	20	4 0 4	30	5 0 4	76
0 0 5	9	1 0 5	12	2 0 5	16	3 0 5	23	4 0 5	36	5 0 5	95
0 1 0	1.8	1 1 0	4	2 1 0	6.8	3 1 0	11	4 1 0	17	5 1 0	33
0 1 1	3.6	1 1 1	6.1	2 1 1	9.2	3 1 1	14	4 1 1	21	5 1 1	46
0 1 2	5.5	1 1 2	8.1	2 1 2	12	3 1 2	17	4 1 2	26	5 1 2	63
0 1 3	7.3	1 1 3	10	2 1 3	14	3 1 3	20	4 1 3	31	5 1 3	84
0 1 4	9.1	1 1 4	12	2 1 4	17	3 1 4	23	4 1 4	36	5 1 4	110
0 1 5	11	1 1 5	14	2 1 5	19	3 1 5	27	4 1 5	42	5 1 5	130
0 2 0	3.7	1 2 0	6.1	2 2 0	9.3	3 2 0	14	4 2 0	22	5 2 0	49
0 2 1	5.5	1 2 1	8.2	2 2 1	12	3 2 1	17	4 2 1	26	5 2 1	70
0 2 2	7.4	1 2 2	10	2 2 2	14	3 2 2	20	4 2 2	32	5 2 2	94
0 2 3	9.2	1 2 3	12	2 2 3	17	3 2 3	24	4 2 3	38	5 2 3	120
0 2 4	11	1 2 4	15	2 2 4	19	3 2 4	27	4 2 4	44	5 2 4	150
0 2 5	13	1 2 5	17	2 2 5	22	3 2 5	31	4 2 5	50	5 2 5	180
0 3 0	5.6	1 3 0	8.3	2 3 0	12	3 3 0	17	4 3 0	27	5 3 0	79
0 3 1	7.4	1 3 1	10	2 3 1	14	3 3 1	21	4 3 1	33	5 3 1	110
0 3 2	9.3	1 3 2	13	2 3 2	17	3 3 2	24	4 3 2	39	5 3 2	140
0 3 3	11	1 3 3	15	2 3 3	20	3 3 3	28	4 3 3	45	5 3 3	180
0 3 4	13	1 3 4	17	2 3 4	22	3 3 4	31	4 3 4	52	5 3 4	210
0 3 5	15	1 3 5	19	2 3 5	25	3 3 5	35	4 3 5	59	5 3 5	250
0 4 0	7.5	1 4 0	11	2 4 0	15	3 4 0	21	4 4 0	34	5 4 0	130
0 4 1	9.4	1 4 1	13	2 4 1	17	3 4 1	24	4 4 1	40	5 4 1	170
0 4 2	11	1 4 2	15	2 4 2	20	3 4 2	28	4 4 2	47	5 4 2	220
0 4 3	13	1 4 3	17	2 4 3	23	3 4 3	32	4 4 3	54	5 4 3	280
0 4 4	15	1 4 4	19	2 4 4	25	3 4 4	36	4 4 4	62	5 4 4	350
0 4 5	17	1 4 5	22	2 4 5	28	3 4 5	40	4 4 5	69	5 4 5	430
0 5 0	9.5	1 5 0	13	2 5 0	17	3 5 0	25	4 5 0	41	5 5 0	240
0 5 1	11	1 5 1	15	2 5 1	20	3 5 1	29	4 5 1	48	5 5 1	350
0 5 2	13	1 5 2	17	2 5 2	23	3 5 2	32	4 5 2	56	5 5 2	540
0 5 3	15	1 5 3	19	2 5 3	26	3 5 3	37	4 5 3	64	5 5 3	920
0 5 4	17	1 5 4	22	2 5 4	29	3 5 4	41	4 5 4	72	5 5 4	1,600
0 5 5	19	1 5 5	24	2 5 5	32	3 5 5	45	4 5 5	81	5 5 5	>1,600

※ 최확수법을 이용한 판정 시 양성 시험관수가 모두 0인 경우 결과값은 0으로 간주

그림 11-3 대장균군 실험의 최확수표 1

별표 2. 3단계희석 시험관 3개씩 시험하였을 때 양성에 대한 최확수(95%의 신뢰한계)

양성시험관수			MPN/g(mL)	양성시험관수			MPN/g(mL)
0.1	0.01	0.001		0.1	0.01	0.001	
0	0	0	<3	2	0	0	9.2
0	0	1	3	2	0	1	14
0	0	2	6	2	0	2	20
0	0	3	9	2	0	3	26
0	1	0	3	2	1	0	15
0	1	1	6.1	2	1	1	20
0	1	2	9.2	2	1	2	27
0	1	3	12	2	1	3	34
0	2	0	6.2	2	2	0	21
0	2	1	9.3	2	2	1	28
0	2	2	12	2	2	2	35
0	2	3	16	2	2	3	42
0	3	0	9.4	2	3	0	29
0	3	1	13	2	3	1	36
0	3	2	16	2	3	2	44
0	3	3	19	2	3	3	53
1	0	0	3.6	3	0	0	23
1	0	1	7.2	3	0	1	38
1	0	2	11	3	0	2	64
1	0	3	15	3	0	3	95
1	1	0	7.4	3	1	0	43
1	1	1	11	3	1	1	75
1	1	2	15	3	1	2	120
1	1	3	19	3	1	3	160
1	2	0	11	3	2	0	93
1	2	1	15	3	2	1	150
1	2	2	20	3	2	2	210
1	2	3	24	3	2	3	290
1	3	0	16	3	3	0	240
1	3	1	20	3	3	1	460
1	3	2	24	3	3	2	1100
1	3	3	29	3	3	3	>1,100

양성시험관수			MPN/100(mL)	양성시험관수			MPN/100(mL)
10	1	0.1		10	1	0.1	
0	0	0	<3	2	0	0	9.2
0	0	1	3	2	0	1	14
0	0	2	6	2	0	2	20
0	0	3	9	2	0	3	26
0	1	0	3	2	1	0	15
0	1	1	6.1	2	1	1	20
0	1	2	9.2	2	1	2	27
0	1	3	12	2	1	3	34
0	2	0	6.2	2	2	0	21
0	2	1	9.3	2	2	1	28
0	2	2	12	2	2	2	35
0	2	3	16	2	2	3	42
0	3	0	9.4	2	3	0	29
0	3	1	13	2	3	1	36
0	3	2	16	2	3	2	44
0	3	3	19	2	3	3	53
1	0	0	3.6	3	0	0	23
1	0	1	7.2	3	0	1	38
1	0	2	11	3	0	2	64
1	0	3	15	3	0	3	95
1	1	0	7.4	3	1	0	43
1	1	1	11	3	1	1	75
1	1	2	15	3	1	2	120
1	1	3	19	3	1	3	160
1	2	0	11	3	2	0	93
1	2	1	15	3	2	1	150
1	2	2	20	3	2	2	210
1	2	3	24	3	2	3	290
1	3	0	16	3	3	0	240
1	3	1	20	3	3	1	460
1	3	2	24	3	3	2	1100
1	3	3	29	3	3	3	>1,100

※ 최확수법을 이용한 판정 시 양성 시험관수가 모두 0인 경우 결과값은 0으로 간주한다.

그림 11-4 대장균군 실험의 최확수표 2

있는 항원이 각각 다르기 때문에 검사의 목적을 달성하기 위해서는 이들 하나 하나에 대하여 조사해야 한다. 따라서 식중독균마다 증균배양, 분리배양, 확인배양, 생화학적 성상 등 조사항목을 검사하기 위해서는 목적에 맞는 배지를 선정하고 그 배지를 효과있게 조합해 나가야 한다.

6. 식품의 독성검사

식품의 독성검사는 3가지로 분류할 수 있다.

① 세균학적 방법에 의한 원인균의 검색

② 화학적 방법에 의해 이미 알려진 유독물질의 검색

③ 생물반응에 의한 동물시험

식품의 독성검사를 통하여 첨가물의 안전한 첨가량이 결정될 수 있다 **표 11-4**.

급성 독성검사는 저농도에서 일정한 간격으로 고농도까지 검체를 1회 투여한 후 7~14일간 관찰하며 주로 치사량의 측정이나 급성 중독 증상의 관찰에 이용한다.

아만성 독성검사는 치사량 이하의 여러 용량을 단기간에 투여하여 생체에 미치는 작용을 관찰하는 시험이며, 만성 독성시험 이전에 그 투여량의 단계를 결정하는 판단 자료를 얻으려는 목적으로 수행한다. 시험동물로는 생쥐나 쥐를 주로 이용하며 시험기간은 1~3개월 정도 소요된다.

만성 독성검사는 비교적 소량의 검체를 장기간 계속 투여하여 그 영향을 보는 시험으로 검체의 축적 독성이 문제가 되는 경우나 첨가물과 같이 식품으로서 매일 섭취할 가능성이 있을 경우의 독성 평가방법이다. 시험 동물로는 생쥐나 쥐를 주로 이용하며 시험기간 1~2년 정도 소요된다.

독성검사에서 LD_{50}(반수 치사량)이란 노출된 집단의 50%를 치사시키는 유독물질의 양을 의미한다.

주요한 식품 섭취허용량과 관련된 용어는 표 11-5와 같다.

표 11-4 식품 독성실험

분류		정의	목적
일반독성실험	급성 독성시험	반 수의 동물이 죽는 양 측정	첨가물의 독성 판정
	아만성 독성시험	1달~1년 정도 투여한 첨가물의 독성 측정	만성 독성의 정보, 투여량 제공
	만성 독성시험	장기간 투여 시 나타나는 독성 영향 평가	식품첨가물의 안전한계량 설정
특수독성실험	발암성시험	일생 매일 투여 시 발암 생성 평가	발암 가능한 물질인지 판정
	번식시험	첨가물이 번식에 영향을 미치는지 평가	첨가물이 번식, 성장에 영향을 미치는지 판정
	최기형성시험 (발성독성시험)	어미에게 첨가물의 투여가 새끼에게 영향을 미치는지 평가	후손의 영향을 평가
	변이원성시험 (유전독성)	첨가물이 돌연변이를 유발하는지 평가	돌연변이 유발 판정

표 11-5 식품 섭취허용량과 관련된 용어

용어	특징
최대내성용량 (maximum tolerated dose, MTD)	동물의 체중 감소·사망·독성 징후를 나타내지 않는 최대의 용량
최대무작용량 (maximum no effect level, MNEL = no observed effect level, NOEL)	동물에게 일생동안 투여하여도 아무런 독성이 나타나지 않는 양
1일 섭취허용량 (acceptable daily intake, ADI)	한 사람에게 하루에 허용되는 첨가물의 섭취량 ADI(mg/kg-BW-day) = MNEL(mg/kg-BW)/100 식품첨가물 사용기준 < ADI
섭취가능량	목적하는 첨가물의 효과를 내는 최소량과 일일섭취량을 고려하여 결정
섭취허용량	섭취 가능량에 식품기호계수(2~10)를 곱해 최대섭취량 결정 → ADI를 고려하여 섭취허용량을 결정

참고문헌

구난숙, 김완수, 이경애, 김미정, 이해하기 쉬운 식품위생학, 파워북, 2015

김주영, 윤장호, 이창은, 류장근, 김정대, 김영현, 환경위생학 (제9판), 고문사, 2017

김옥경, 박인숙, 하상철, 범봉수, 방우석, 임용숙, 장재선, 채기수, New 식품위생학 (제3개정판), (주)지구문화, 2018

신해헌, 차윤환, 한명륜, 조은아, 이정숙, 알기 쉬운 식품미생물학 & 실험, 교문사, 2014

윤기선, 엄애선, 정윤경, 김경임, 이종경, 구옥경, 식품위생학, 파워북, 2018

윤진아, 강명화, 김재환, 김제중, 박훈, 범봉수, 신경옥, 유창희, 한경식, 식품미생물학 및 실험, 파워북, 2014

장태용, 조기성, 현형환, 이현환, 남인영 공역, 미생물학 길라잡이 (제10판), ㈜ 라이프사이언스, 2018

최해연, 김학연, 윤혜려, 성정민, 김옥선, 권수연, 식품위생학 및 법규, 파워북, 2017

국가법령정보센터 https://www.law.go.kr

미국질병통제예방센터(CDC) https://www.cdc.gov

식품의약품안전처 식품안전나라 https://www.foodsafetykorea.go.kr

질병관리청 국가건강정보포털 https://health.cdc.go.kr/healthinfo/biz/health/main/

mainPage/main.do

한국식품안전관리인증원 https://www.haccp.or.kr

식품의약품안전처, 농수산물 위생관리 매뉴얼

식품의약품안전처, 식품 등 기준설정 원칙

식품의약품안전처, 식품첨가물 바로 알기 전문가용

식품의약품안전처, 알기 쉬운 HACCP 관리

식품공전

식품첨가물공전

찾아보기

ㅈ

ㅊ

저자 소개

주난영
서울대학교 대학원 이학박사
현재 배화여자대학교 조리학과 교수

송태희
숙명여자대학교 대학원 이학박사
현재 배화여자대학교 식품영양학과 교수

이상준
서울대학교 대학원 농학박사
현재 연성대학교 호텔조리전공 교수

국무창
연세대학교 대학원 공학박사
현재 배화여자대학교 식품영양학과 교수

노재필
세종대학교 대학원 공학박사
현재 신구대학교 식품영양학과 교수

강민정
한양대학교 대학원 이학박사
현재 연성대학교 식품영양학과 교수

식품위생학

2021년 3월 5일 초판 발행
2024년 3월 5일 2쇄 발행

지은이 | 주난영·송태희·이상준·국무창·노재필·강민정
발행인 | 유제구
발행처 | 파워북
주 소 | 경기도 고양시 일산동구 호수로 358-25
동문타워 2차 529호
전 화 | (02) 730-1412
팩 스 | (031) 908-1410
등 록 | 1997년 1월 31일 제2014-000067호

정 가 22,000원
ISBN 978-89-8160-445-5 (93590)